高效办公

Excel 数据透视表 从入门到精通

（微课视频版）

145 个案例操作+197 集视频讲解+手机扫码看视频+素材源文件+在线交流

精英资讯　编著

www.waterpub.com.cn

·北京·

内 容 提 要

《Excel 数据透视表从入门到精通（微课视频版）》系统全面地介绍了 Excel 数据透视表的基础知识、使用方法和应用技巧，是一本有关 Excel 数据透视表的实用教程、视频教程。全书共 14 章，其中前 10 章介绍了 Excel 数据透视表的基础知识、操作技巧，具体内容包括数据透视表的创建、编辑、打印、格式设置、排序、筛选、字段分组、计算、多重区域合并、动态数据透视表和数据透视图的操作；后 4 章分别从人事信息管理、考勤加班管理、销售数据管理和日常财务管理等方面剖析了 Excel 数据透视表在实际工作中的具体应用。全书实例讲解、视频讲解，结合操作步骤和图示解析，简单明了，易学易懂。

《Excel 数据透视表从入门到精通（微课视频版）》一书配有极其丰富的学习资源，其中配套资源包括：① 197 集同步视频讲解，扫描二维码，可以随时随地看视频，超方便；② 全书实例的源文件，跟着实例学习与操作，效率更高。另外本书附赠电子版学习资源包：① 2000 个办公模板，如 Excel 官方模板，Excel 财务管理、市场营销、人力资源模板，Excel 行政、文秘、医疗、保险、教务等模板，Excel VBA 应用模板；② 37 小时的教学视频，包括 Excel 范例教学视频、Excel 技巧教学视频等。

《Excel 数据透视表从入门到精通（微课视频版）》面向需要提升 Excel 应用技能的企事业管理人员、数据处理与分析人员、企业的人事、财务、销售等相关工作人员等，也可做为大中专院校、计算机培训机构的办公类教材。本书在 Excel 2016 版本的基础上编写，适用于 Excel 2019/ 2016/2013/2010/2007/2003 等各个版本。

图书在版编目（CIP）数据

Excel 数据透视表从入门到精通：微课视频版：高效办
公 / 精英资讯编著. -- 北京：中国水利水电出版社，2020.1（2023.10重印）

ISBN 978-7-5170-7894-4

Ⅰ. ①E... Ⅱ. ①精... Ⅲ. ①表处理软件 Ⅳ. ①TP391.13

中国版本图书馆 CIP 数据核字（2019）第 165381 号

丛 书 名	高效办公
书 名	Excel 数据透视表从入门到精通（微课视频版） Excel SHUJU TOUSHIBIAO CONG RUMEN DAO JINGTONG
作 者	精英资讯 编著
出版发行	中国水利水电出版社 （北京市海淀区玉渊潭南路 1 号 D 座 100038） 网址：www.waterpub.com.cn E-mail: zhiboshangshu@163.com 电话：(010) 62572966-2205/2266/2201（营销中心）
经 售	北京科水图书销售有限公司 电话：(010) 68545874、63202643 全国各地新华书店和相关出版物销售网点
排 版	北京智博尚书文化传媒有限公司
印 刷	三河市龙大印装有限公司
规 格	185mm×235mm 16 开本 19.5 印张 384 千字 4 插页
版 次	2020 年 1 月第 1 版 2023 年 10 月第 4 次印刷
印 数	8001—9500 册
定 价	79.80 元

▲ 更改数据透视图类型

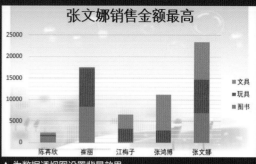
▲ 为数据透视图设置背景效果

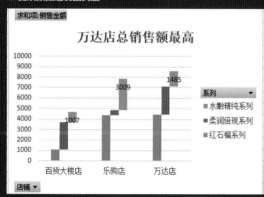
▲ 通过"图表布局"功能快速设置图表布局

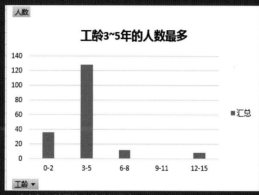
▲ 建立各工龄层次人数分析图表

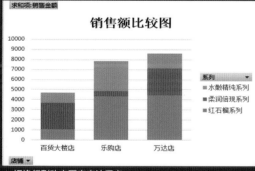
▲ 切换行列改变图表表达重点

▲ 图表文字格式一次性设置

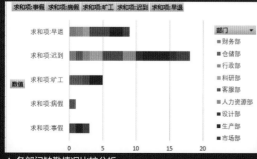
▲ 各部门缺勤情况比较分析

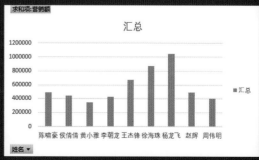
▲ 快速创建数据透视图

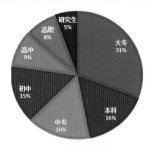

▲ 建立各学历人数分析图表

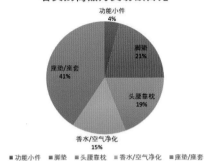

▲ 交易金额比较图表

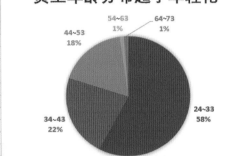

▲ 建立各年龄层次人数分析图表

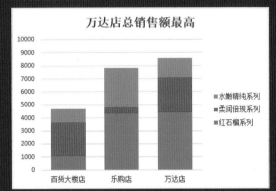

▲ 取消数据透视图中的字段按钮

▲ 员工加班总时数比较图表

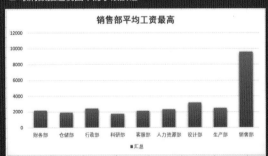

▲ 部门平均工资比较图表

▲ 建立员工加班总时数统计报表

行标签	求和项:应付金额	求和项:已付金额	求和项:平账
安佳木业	8875.3	8875.3	可以平
材料采购	13643.5	17200	不可以平
昌吉机械	63982.7	45431.9	不可以平
康辰生物科技	18531.5	7712	不可以平
耐力金属	14622	7446	不可以平
诺林织造	4815	4815	可以平
威驰高分子科技	2046	2046	可以平
永德塑业	5035.5	7141.5	不可以平
远扬润滑	3092.6	2180.5	不可以平
长城化工	7919	6661.8	不可以平
总计	142563.1	109510	不可以平

▲ 自定义公式判断应付金额与已付金额是否平账

▲ 按工龄分组统计各工龄段的员工人数

▲ 根据数据大小显示数据条

▲ 将数据透视表中的空单元格显示为 "－"

▲ 将报表中金额数据四舍五入保留两位小数

▲ 设置金额数据显示为货币格式

▲ 一次性查看各年中各销售员的销售额占全年的比

▲ 添加切片器实现同时满足多条件的筛选

▲ 对分类汇总值排序

▲ 统计应收账款时按"已逾期"和"未逾期"统计

▲ 通过编辑 OLE DB 查询创建动态数据透视表

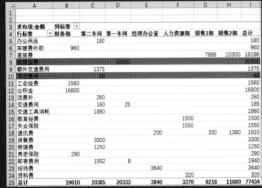

▲ 突出显示支出金额最高及最低的整行数据

▲ 按学校名称合并各系招生人数数据

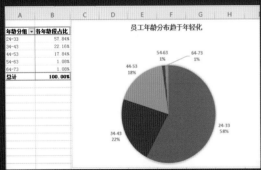

▲ 建立各年龄层次人数统计报表

▲ 按数据源顺序排序字段项目

▲ 按上旬、中旬、下旬分组汇总

▲ 添加切片器实现同时多项数据筛选

求和项:营销额（万）		年份		
部门	姓名	2018	2019	增长率
⊟包河分部	陈啸豪	201.25	212.59	5.63%
	侯倩倩	181.78	188.54	3.72%
	黄小雅	231.75	240.07	3.59%
	李朝龙	204.58	120.46	-41.12%
包河分部 汇总		819.36	761.66	-28.17%
⊟经开分部	王杰锋	229.21	362	57.93%
	赵辉	153.6	221.31	44.08%
	周伟明	48.4	303.41	526.88%
经开分部 汇总		431.21	886.72	628.90%
⊟蜀山分部	刘文华	67.48	81.88	21.34%
	徐海珠	122.45	483.64	294.97%
	杨龙飞	219.47	482.54	119.87%
蜀山分部 汇总		409.4	1048.06	436.18%
总计		1659.97	2696.44	1036.90%

▲ 自定义公式计算销售额的年增长率

求和项:支出金额	列标签		
费用类别	1	2	差额
餐饮费	1830.98	5090.67	增长3259.69
差旅费	2096.07	3912	增长1815.93
福利品采购费	5400	1800	减少3600.00
会务费	2800	7900	增长5100.00
交通费	1200	2832	增长1632.00
其他		1858.19	增长1858.19
通讯费	2920	4106.82	增长1186.82
外加工费	5200.79	5000	减少200.79
业务拓展费	4180.64	10000	增长5819.36
运输费	1280	3480	增长2200.00
招聘培训费	1050	500	减少550.00
培训教材采购费	1929.41	2554	增长624.59
总计	29887.89	49033.68	增长19145.79

▲ 让报表中差额正值前显示"增长"、负值前显示"减少"

康辰生物科技有限公司销售统计表

销售公司	求和项:数量（吨）	求和项:金额（万元）
⊟广州公司	7697.49	11753.15
生物活性类	970.73	2924.78
高分子类产品	2885.36	4156.79
化工类产品	3841.4	4671.58
⊟宁波公司	13459.74	18138.47
生物活性类	149.62	414.61
高分子类产品	6005.29	8921.02
化工类产品	7304.83	8802.84
⊟武汉公司	1238.04	1690.04
生物活性类	54.16	125.86
原材料	7.44	14.14
高分子类产品	349.93	482.34
化工类产品	826.51	1067.69
⊟长春公司	571.62	1217.98
生物活性类	308.46	852.76
高分子类产品	146.55	212.40
化工类产品	116.61	152.82
总计	22966.89	32799.64

年份: 2016年 / 2017年 / 2018年 / 2011年 / 2012年

▲ 插入切片器进行单个字段筛选

计数项:员工姓名	性别		
所属部门	男	女	总计
财务部	7	5	12
仓储部	8	6	14
行政部	7	7	14
科研部	2	7	9
客服部	8	3	11
人力资源部	2	7	9
设计部	9	10	19
生产部	24	18	42
市场部	8	5	13
销售部	12	13	25
总计	77	80	157

▲ 各部门各性别员工人数快速统计

行标签	求和项:数量	平均值项:进货价	平均值项:销售价	求和项:毛利
包菜	2412	0.98	1.5	6271.2
冬瓜	2411	1.1	1.9	9644
花菜	1931	1.24	2.1	8303.3
黄瓜	3957	1.98	2.5	14403.48
荚白	2412	2.76	3.7	11336.4
韭菜	1603	2.38	3.1	3462.48
萝卜	10331	0.45	1.2	38741.25
毛豆	2407	3.19	5.8	25129.08
茄子	4512	1.16	2.7	55587.84
生姜	3069	4.58	7.6	83415.42
蒜黄	5968	1.97	2.6	45118.08
土豆	4814	1.73	3.75	77794.24
西葫芦	3984	2.57	3.9	42389.76
西兰花	2533	2.54	3.89	20517.3
香菜	3784	3.05	3.98	28152.96
紫甘蓝	3402.6	2.97	4.12	23477.94
总计	59530.6	2.234711538	3.502884615	7851490.834

▲ 自定义公式计算商品销售的毛利

行标签	求和项:实发工资
财务部	17608
仓储部	27020
行政部	21888
科研部	19200
客服部	21121
人力资源部	32419
设计部	70629
生产部	10050
销售部	105543
总计	325478

▲ 部门工资汇总报表

	类型	值				
	库存		销售		售罄率	
店铺	求和项:冰箱	求和项:电视	求和项:冰箱	求和项:电视	求和项:冰箱	求和项:电视
百大店	65	87	53	67	44.92%	43.51%
大洋百货店	69	109	45	78	39.47%	41.71%
港汇店	98	70	86	67	46.74%	48.91%
鼓楼店	75	67	54	45	41.86%	40.18%
国购店	69	90	45	87	39.47%	49.15%
明发店	78	59	67	48	46.21%	44.86%
商之都店	80	46	62	32	43.66%	41.03%
总计	534	528	412	424	302.33%	309.34%

▲ 自定义公式计算商品售罄率

求和项:加班小时数	列标签		
行标签	公休日	平常日	加班工资
何佳怡	4	8.5	830
金璐忠	5	7	820
廖凯	4		320
刘琦	5	4.5	670
刘志飞	10.5	4	1080
张丽丽	12.5	4	1240
魏娟	6.5	7	940
孙婷	8.5	7	1100
张振梅		8.5	510
张毅君	7.5	3.5	810
桂萍		11.5	690
总计	63.5	65.5	9010

▲ 每位人员加班费合计计算

	列标签				
	1月	2月		3月	
行标签	销量	销量	与上月差异	销量	与上月差异
百大店	75665	68683	-6982	57638	-11045
大洋百货店	65777	86743	20966	86724	-19
港汇店	76854	56888	-19966	46694	-10194
鼓楼店	75736	67863	-7873	65569	-2294
国购店	75675	67673	-8002	97867	30194
明发店	54576	65563	10987	56888	-8675
商之都店	54646	96573	41927	87875	-8698
总计	478929	509986	31057	499255	-10731

▲ 统计各商品销量与上个月的差异

求和项:值	列标签				
行标签	计算机系(人)	商务系(人)	数学系(人)	中文系(人)	总计
北京师范大学	6	4			10
东南大学	4	7			11
国防科技大学	8	4	4	7	23
华南理工大学	6	6			12
华中科技大学	9	7	8	4	28
吉林大学	7	7	7	8	29
南京大学	7	7	4	3	21
南开大学			6	4	10
厦门大学	3	6			9
四川大学	3	8	4	7	22
天津大学	7	4	6	3	20
同济大学	7				9
武汉大学	7	6	6	5	24
西安交通大学			3	3	6
中国科技大学	8	4	3		15
中国人民大学			4	3	7
中南大学			9	5	14
中山大学	9	5	7	3	24
总计	80	78	74	65	297

▲ 按学校名称合并各系招生人数数据

年份	(全部)		
销售公司		求和项:销量(吨)	求和项:金额(万元)
⊟ 广州公司	生物活性类	1784.97	5431.876
	高分子类产品	4926.72	7059.414
	化工类产品	8638.05	10402.118
广州公司 汇总		15349.74	22893.408
⊟ 宁波公司	生物活性类	495.97	1431.41
	高分子类产品	7928.4	11704.18
	化工类产品	13654.16	16355.074
宁波公司 汇总		22078.53	29490.664
⊟ 武汉公司	生物活性类	108.94	244.33
	原材料	7.44	14.14
	高分子类产品	679.92	956.001
	化工类产品	1721.02	2105.054
武汉公司 汇总		2517.32	3319.525
⊟ 长春公司	生物活性类	845.02	2485
	高分子类产品	278.92	405.26
	化工类产品	258.02	332.7
长春公司 汇总		1381.96	3222.96
总计		41327.55	58926.557

▲ 设置筛选字段的分项打印

行标签	求和项:数量	求和项:销售金额		行标签	求和项:数量	求和项:销售金额
崔丽	669	11454.92		图书	734	18013.48
丁红梅	472	3427.48		玩具	1523	23770.52
侯燕芝	522	4005.46		文具	1122	17130.92
苏瑞	398	3995.54		总计	3379	58914.92
伊一	200	1659.17				
张鸿博	363	4706.6				
邹丽雪	755	29665.75				
总计	3379	58914.92				

销售部门
- 1部
- 2部
- 3部
- 4部

▲ 通过切片器同步筛选两个数据透视表

J4　=IF(AND($C$2-(C4+G4)>0,$C$2-(C4+G4)<=30),D4-E4,0)

应收账款统计表

								逾期未收金额			
当前日期	2018/8/31										
公司名称	开票日期	应收金额	已收金额	未收金额	付款期(天)	状态	负责人	0-30	30-60	60-90	90天以上
声立科技	18/5/4	¥ 22,000.00	¥ 10,000.00	¥ 12,000.00	20	已逾期	苏佳	0			
汇达网络科技	18/6/5	¥ 10,000.00	¥ 5,000.00	¥ 5,000.00	20	已逾期	刘瑶				
诺力文化	18/6/8	¥ 29,000.00	¥ 5,000.00	¥ 24,000.00	60	已逾期	关小伟				
伟伟科技	18/6/10	¥ 28,700.00	¥ 10,000.00	¥ 18,700.00	20	已逾期	谢军				
声立科技	18/6/10	¥ 15,000.00	¥ 15,000.00	¥ -	15	已冲销 √	刘瑶				
云端科技	18/6/22	¥ 22,000.00	¥ 8,000.00	¥ 14,000.00	15	已逾期	乔远				
伟伟科技	18/6/28	¥ 18,000.00		¥ 18,000.00	90	未到结账期	谢军				
诺力文化	18/7/2	¥ 22,000.00	¥ 5,000.00	¥ 17,000.00	20	已逾期	关小伟				

▲ 建立账龄分析表

前　言

PREFACE

在信息高速发展的今天，大量数据的处理与分析已成为企业迫切需要解决的问题。Excel 数据透视表作为一种交互式的表格处理工具，在大数据的汇总和分析中凸显其强大的功能，在企业决策中越来越显示着不可忽视的重要的作用。熟练掌握 Excel 数据透视表的应用，对数据进行不同类别的汇总分析，能够帮助企业实现精准化的决策与高效管理。

本书从企业应用的角度出发，全方位解读 Excel 2016 数据透视表的各项功能，包括基础知识、基本操作、数据处理与分析技巧；最后从企业人事信息管理、考勤加班管理、销售数据管理和日常财务管理等方面剖析了 Excel 数据透视表在实际工作中的具体应用。全书视频讲解，内容翔实，实例丰富、要点明晰，叙述深入浅出，简单易懂，力求在快速掌握 Excel 数据透视表操作要领的同时，能够迅速应用到实际工作中，令读者少走弯路。

本书特点

视频讲解：本书录制了 197 集视频，包含了 Excel 数据透视表的常用操作功能讲解及实例分析，手机扫描书中二维码，可以随时随地看视频。

内容全面：本书涵盖了 Excel 数据透视表的各项功能、使用方法和技巧，以及数据透视表在企业中的实际应用案例。力求在快速掌握数据透视表基本操作方法的同时，通过大量实例练习，能够将该技能迅速应用到实际工作中。

实例丰富：本书配备 145 个企业应用小实例，并提供素材源文件，读者可以边学边做，加深理解，活学活用。

图解操作：本书采用图解模式逐一介绍各个功能及其应用技巧，一步一图，清晰直观、简洁明了、好学好用，希望读者朋友可以在最短时间里学会相关知识点，从而快速解决办公中的疑难问题。

在线服务：本书提供 QQ 交流群，"三人行，必有我师"，读者可以在群里相互交流，共同进步。

本书资源列表及获取方式

↘ 配套资源
本书配套 197 集同步视频，并提供相关的素材及源文件

↘ 拓展学习资源
2000 个办公模板文件

Excel 官方模板 117 个	Excel 财务管理模板 90 个
Excel 市场营销模板 61 个	Excel 人力资源模板 51 个
Excel VBA 应用模板 27 个	Excel 行政、文秘、医疗、保险、教务等模板 847 个
Excel 其他实用样式与模板 30 个	PPT 经典图形、流程图 423 个
PPT 模板 74 个	PPT 元素素材 20 个
Word 文档模板 280 个	

37 小时的教学视频

Excel 范例教学视频	Excel 技巧教学视频
PPT 教学视频	Word 范例教学视频
Word 技巧教学视频	

↘ 以上资源的获取及联系方式

（1）读者可以在微信公众号中搜索"办公那点事儿"，关注后发送"EXLTS"到公众号后台，获取本书资源下载链接（注意，本书提供书链、百度网盘、360 云盘三种下载方式，资源相同，选择其中一种方式下载即可，不必重复下载。**如果百度网盘和 360 云盘没有购买超级会员，建议选择书链方式下载**）。

（2）将该链接复制到电脑浏览器的地址栏中（一定要复制到电脑浏览器地址栏，通过电脑下载，手机不能下载，也不能在线解压，没有解压密码），按 Enter 键。

➢ **书链下载。**执行该操作后，即可弹出下载窗口，根据提示下载即可（不同浏览器中界面和文字可能略有不同）。

> **百度网盘下载。**建议先选中资源前面的复选框，然后单击"保存到我的百度网盘"按钮，弹出百度网盘账号密码登录对话框，登录后，将资源保存到自己账号的合适位置。然后启动百度网盘客户端，选择存储在自己账号下的资源，单击"下载"按钮即可开始下载（注意，不能在网盘在线解压。另外，下载速度受网速和网盘规则所限，请耐心等待）。

> **360 云盘下载。**进入网盘后不要直接下载整个文件夹，需打开文件夹，将其中的压缩包及文件一个一个单独下载（不要全选下载），否则容易下载出错！

（3）加入本书学习交流 QQ 群：904475159（若群满，会创建新群，请注意加群时的提示，并根据提示加入对应的群号），读者间可互相交流学习，作者也会不定时在线答疑解惑。

作者简介

本书由精英资讯组织编写。精英资讯是一个 Excel 技术研讨、项目管理、培训咨询和图书创作的 Excel 办公协作联盟，其成员多为长期从事行政管理、人力资源管理、财务管理、营销管理、市场分析及 Office 相关培训的工作者。本书具体编写人员有吴祖珍、姜楠、陈媛、王莹莹、汪洋慧、张发明、吴祖兵、李伟、彭志霞、陈伟、杨国平、张万红、徐宁生、王成香、郭伟民、徐冬冬、袁红英、殷齐齐、韦余靖、徐全锋、殷永盛、李翠利、柳琪、杨素英、张发凌等。

致谢

本书能够顺利出版，是作者、编辑和所有审校人员共同努力的结果，在此表示深深地感谢。同时，祝福所有读者在职场一帆风顺。

编　者

目 录

CONTENTS

第1章

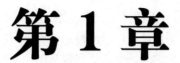

如何创建需要的数据透视表

- 如何创建需要的数据透视表
  - 1.1 创建数据透视表
    - 1.1.1 了解数据透视表巨大的统计能力
      - 例1: 统计各店铺的总销售额
      - 例2: 统计各班级的最高分、最低分、平均分
      - 例3: 统计应聘者中各学历层次的人数
      - 例4: 统计员工的薪酬分布
    - 1.1.2 数据透视表的结构与元素
    - 1.1.3 建立新数据透视表
      - 例1: 了解数据透视表对数据源的要求
      - 例2: 创建一个新的数据透视表
      - 例3: 添加字段分析数据
      - 例4: 重新更改透视表的数据源
    - 1.1.4 字段位置及顺序的调节
      - 例1: 调整字段位置获取不同统计效果
      - 例2: 调节字段顺序
    - 1.1.5 用特殊的数据来创建数据透视表
      - 例1: 只用部分数据创建数据透视表
      - 例2: 用含有合并单元格的数据来创建数据透视表
      - 例3: 使用外部数据源建立数据透视表
  - 1.2 数据透视表结构布局
    - 1.2.1 隐藏字段标题和筛选按钮
    - 1.2.2 标识的显示与隐藏
      - 例1: 报表中不显示"求和项:""计数项:"等标识
      - 例2: 重复所有项目标签
      - 例3: 显示合并单元格标志
    - 1.2.3 调整任务窗格布局
      - 例1: 更改"数据透视表字段 字段"任务窗格的布局
      - 例2: 找回丢失的"数据透视表字段"任务窗格
    - 1.2.4 调整分类汇总布局
      - 例1: 设置数据透视表分类汇总布局
      - 例2: 隐藏所有字段的分类汇总
    - 1.2.5 调整报表布局
      - 例1: 设置数据透视表以表格形式显示
      - 例2: 将每个项目以空行间隔
      - 例3: 并排显示报表筛选字段
      - 例4: 对字段列表中的字段进行排序

1.1 创建数据透视表

数据透视表具有强大的数据分析能力，它有机地综合数据排序、筛选、分类汇总等数据分析的优点，建立数据表之后，通过字段的设置可以瞬间得出各种不同的分析结果，以实现快速创建各种不同分析目的的报表。然而，数据透视表的知识是广泛而复杂的，在创建前要懂得如何准备数据源，创建中要知道如何设置字段，创建后能够进行编辑优化等。本节将带领大家了解数据透视表的结构并学会创建简单的数据透视表。

1.1.1 了解数据透视表巨大的统计能力

数据透视表所具有的统计能力靠语言的描述永远无法体现，这一节中我们给出几个实例，通过对源数据与统计结果的查看，则可以了解数据透视表能达到哪些统计目的。

例1：统计各店铺的总销售额

图 1-1 所示表格按日期统计了各个店铺的销售额，建立数据透视表可以对各个店铺的总销售额瞬间汇总，如图 1-2 所示。

日期	店铺	销售金额
1/1	长江路专卖	2570
1/2	鼓楼店	1340
1/3	步行街专卖	1880
1/4	长江路专卖	1590
1/5	鼓楼店	2260
1/6	步行街专卖	1440
1/7	长江路专卖	1225
1/8	鼓楼店	2512
1/9	鼓楼店	1720
1/10	长江路专卖	1024
1/11	鼓楼店	2110
1/12	步行街专卖	2450
1/13	长江路专卖	2136
1/14	鼓楼店	2990
1/15	鼓楼店	1180
1/16	鼓楼店	2296
1/17	步行街专卖	2352
1/18	长江路专卖	3354
1/19	鼓楼店	1416
1/20	长江路专卖	1590
1/21	鼓楼店	1528
1/22	鼓楼店	1110

图 1-1

行标签	求和项:销售金额
步行街专卖	8122
鼓楼店	20462
长江路专卖	13489
总计	42073

图 1-2

例2：统计各班级的最高分、最低分、平均分

图 1-3 所示表格为某次竞赛考试的成绩表，表格数据涉及三个班级，现在想对各个班级的最高分、最低分、平均分进行统计。通过建立如图 1-4 所示的数据透视表即可快速达到统计目的。

班级	姓名	语文	数学	英语	总分
高三（1）班	王一帆	82	79	93	254
高三（2）班	王辉会	81	80	70	231
高三（2）班	邓敏	77	76	65	218
高三（1）班	吕梁	91	77	79	247
高三（4）班	庄美尔	90	88	90	268
高三（3）班	刘小龙	90	67	62	219
高三（2）班	刘萌	56	91	91	238
高三（4）班	李凯	76	82	77	235
高三（4）班	李德印	88	90	87	265
高三（3）班	张泽宇	96	68	86	250
高三（2）班	张董	89	65	81	235
高三（1）班	陆路	66	82	77	225
高三（2）班	陈小芳	90	88	70	248
高三（3）班	陈晓	68	90	79	237
高三（3）班	陈曦	88	92	72	252
高三（3）班	罗成佳	71	77	88	236
高三（1）班	姜旭旭	91	88	84	263
高三（1）班	崔衡	78	86	70	234
高三（1）班	窦云	90	91	88	269
高三（3）班	蔡晶	82	88	69	239
高三（3）班	廖凯	69	80	56	205
高三（4）班	霍晶	70	88	91	249

图 1-3

班级	最大值项:总分	最小值项:总分2	平均值项:总分3
高三（1）班	269	225	251.6666667
高三（2）班	248	218	234
高三（3）班	250	205	231
高三（4）班	268	235	254.25
总计	269	205	241.6818182

图 1-4

例 3：统计应聘者中各学历层次的人数

图 1-5 所示的表格中统计了公司某次招聘中应聘者的相关数据。通过建立数据透视表可以快速统计出各个学历层次的人数，如图 1-6 所示；通过更改"学历"字段值的显示方式还可以直观地看到各个学历层次的人数占总人数的比例情况，如图 1-7 所示。

员工	职位代码	学历	专业考核	业绩考核	平均分
蔡晶	05资料员	高中	88	69	78.5
陈曦	05资料员	研究生	92	72	82
陈小芳	04办公室主任	研究生	88	70	79
陈晓	03出纳员	研究生	90	79	84.5
崔衡	01销售总监	研究生	86	70	78
邓敏	04办公室主任	研究生	76	65	70.5
窦云	05资料员	高中	91	88	89.5
霍晶	02科员	专科	88	91	89.5
姜旭旭	05资料员	高职	88	84	86
李德印	01销售总监	本科	90	87	88.5
李凯	04办公室主任	专科	82	77	79.5
廖凯	06办公室文员	专科	80	56	68
刘兰芝	03出纳员	研究生	76	90	83
刘萌	01销售总监	专科	91	91	91

图 1-5

计数项:员工	
学历	汇总
高中	5
高职	2
专科	5
本科	2
研究生	10
总计	24

图 1-6

计数项:员工	
学历	汇总
高中	20.83%
高职	8.33%
专科	20.83%
本科	8.33%
研究生	41.67%
总计	100.00%

图 1-7

例 4：统计员工的薪酬分布

图 1-8 所示表格为某月的工资统计表，下面需要按部门统计人数，并统计出各个部门的平均工资。通过建立数据透视表可得到想要的统计结果，如图 1-9 所示。

本月工资统计表

编号	姓名	所属部门	基本工资	工龄工资	福利补贴	提成或奖金	加班工资	满勤奖金	应发合计
001	郑立媛	销售部	800	1100	800	9603.2	380.95	0	8684.15
002	艾羽	财务部	2500	1600	500		740.48	500	5840.48
003	章晔	企划部	1800	1300	550		495.24	0	3445.24
004	钟文	企划部	2500	900	550	0	748.81	0	4698.81
005	朱安婷	网络安全部	2000	800	650		316.67	0	3766.67
006	钟武	销售部	800	500	700	4480	0	500	6980
007	梅香菱	网络安全部	3000	600	650		175	0	4425
008	李霞	行政部	1500	400	500		642.86	0	3042.86
009	苏海涛	销售部	2200	1100	700	23670.4	0	500	18170.4
010	喻可	财务部	1500	1100	500		200	742.86	0	4042.86
011	苏晨	销售部	800	400	800	2284.5	214.29	0	4498.79
012	蒋苗苗	企划部	1800	1000	650	1000	325	0	4775
013	胡子强	销售部	800	1000	700	1850	271.43	0	4621.43
014	刘玲燕	行政部	1500	1200	500		532.14	0	3732.14
015	韩要荣	网络安全部	2000	1100	550		815.48	0	4465.48
016	侯淑媛	销售部	800	1000	800	510	0	0	3110
017	孙丽萍	行政部	1500	600	500		250	0	2850
018	李平	行政部	1500	500	400		0	0	2400
019	王保国	销售部	800	500	700	10032	0	500	7532
020	杨和平	网络安全部	2000	800	550	0	391.67	0	3741.67
021	张文轩	销售部	800	500	700	17879.2	150	0	20429.2
022	彭丽丽	销售部	2300	700	800	26240	0	0	30040
023	韦余强	企划部	1800	900	550		771.43	0	4021.43

图 1-8

所属部门	数据 人数	平均值项:应发合计
财务部	3	¥4,311.11
行政部	6	¥3,050.20
企划部	4	¥4,235.12
网络安全部	6	¥4,637.50
销售部	11	¥10,481.80
总计	30	¥6,376.66

图 1-9

1.1.2 数据透视表的结构与元素

数据透视表创建完成后，就可以在工作表中显示数据透视表的结构与组成元素，有专门用于编辑数据透视表的菜单，并显示字段列表，如图 1-10 所示。

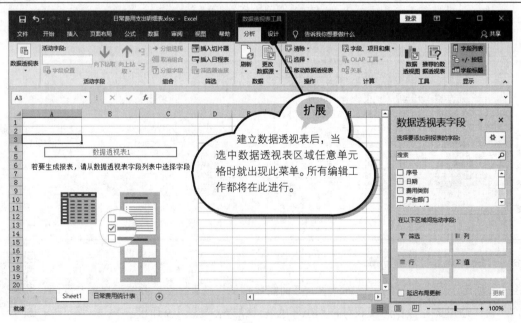

图 1-10

在数据透视表中一般包含的元素有：字段、项、Σ数值和报表筛选，下面我们来逐一认识这些元素的作用。

1．字段

建立数据透视表后，源数据表中的列标识都会产生相应的字段，图 1-11 所示"选择要添加到报表的字段"列表中显示的都是字段。

图 1-11

字段列表中的字段，根据其设置不同又分为行字段、列字段和数值字段。图 1-11 所示的数据透视表中，"销售人员"字段被设置为行字段，"商品类别"字段被设置为列字段，"销售金额"字段被设置为数值字段。

2．项

项是字段的子分类或成员。行标签下的具体销售人员以及列标签下的具体商品类别都称作项，如图 1-11 所示。

3．Σ数值

Σ数值是用来对数据字段中的值进行合并的计算类型。数据透视表通常为包含数字的数据字段使用 SUM 函数，而为包含文本的数据字段使用 COUNT。建立数据透视表并设置汇总后，可选择其他汇总函数，如 AVERAGE、MIN、MAX 和 PRODUCT。

4．报表筛选

字段下拉列表显示了可在字段中显示的项的列表，利用下拉菜单列表可以进行数据的筛选。当包含 ▼ 按钮时，则可单击打开下拉列表，如图 1-12、图 1-13 所示。

图 1-12   图 1-13

1.1.3 建立新数据透视表

使用数据透视表分析数据，要先学会建立一个简单的数据透视表。数据透视表对数据源有一定的要求，本小节将做详细介绍，方便大家在平时的报表创建工作中养成良好的习惯。

例 1：了解数据透视表对数据源的要求

数据透视表的功能虽然非常强大，但使用之前需要规范数据源表格，否则会给后期创建和使用数据透视表带来层层阻碍，甚至无法创建数据透视表。很多新手不懂得如何规范数据源，下面介绍一些创建数据透视表的表格时应当避免的误区。

➥ **不能包含多层表头**。图 1-14 所示表格的第一行和第二行都是表头信息，这让程序无法为数据透视表生成字段。

图 1-14

➡ **列标识不能缺失**。图 1-15 所示因为漏输了一个列标识，导致无法创建数据透视表。

图 1-15

➡ **数据至少要有一个分类**。图 1-16 所示表格中没有任何分类，这种表无论怎么统计，还是这个结果。图 1-17 中则可以按班级进行分类统计。

图 1-16   图 1-17

➡ **数据表中不能有文本数字**。如果有文本数字（即使只有一个数据是文本），将这个字段作为数值字段时就无法进行"求和"计算，只会使用"计数"运算，如图 1-18 所示。

图 1-18

➥ **不能输入不规范日期。**不规范的日期数据会造成程序无法识别它是日期数据，自然也不能按年、月、日进行分组统计。

➥ **数据源中文本数据不能包含空格。**有空格的数据与无空格的数据将被作为两个不同的项进行统计。如图 1-19 所示，"曼茵"与"曼 茵"将作为两个统计项，显然这是因为源数据不规范而导致统计结果错误（对文本数据中空格的处理可参照第 3 章中"不规范文本的整理"小节中的知识点。）

行标签	求和项:数量	求和项:销售额
路一漫	8	1689
曼 茵	3	485
曼茵	3	909
伊美人	3	1045
衣衣布舍	6	2082
总计	23	6210

图 1-19

➥ **数据源中不应包含合并单元格。**如果有合并单元格，创建数据透视表后"行标签"里会出现"（空白）"的字段，如图 1-20 所示。

所属部门	员工编号	姓名	性别	基本工资	住房津贴		行标签	平均值项:基本工资
	A-023	张正国	男	2600.00	590.00		财务部	2400
人事部	A-024	韩佳怡	女	2100.00	450.00		企划部	2000
	A-025	夏玉琴	女	3000.00	370.00		人事部	2600
	A-026	杨瑞文	男	2400.00	460.00		（空白）	2568.75
	A-027	阚一平	男	2000.00	410.00		总计	2504.545455
企划部	A-028	贾天明	男	2400.00	500.00			
	A-029	包开荣	男	2700.00	430.00			
	A-030	林晓月	女	2550.00	390.00			
	A-031	于楠楠	女	2400.00	450.00			
财务部	A-032	阮天新	男	2800.00	380.00			
	A-033	王玉婷	女	2600.00	420.00			

图 1-20

➥ **列字段不要重复，名称要唯一。**如果表格中多列数据使用同一个名称时，会造成数据透视表的字段混淆，无法分辨数据属性。

➥ **数据记录中不能带空行。**如果数据源表格包含空行，数据中断，程序无法获取完整的数据源，统计结果也将不正确。

例 2：创建一个新的数据透视表

数据透视表的创建是基于已经建立好的数据表而建立的。基本上可以通过如下三步完成透视表的创建。

❶ 准备好数据表，如图 1-21 所示。

	A	B	C	D	E	F	G	H	I
1	日期	店铺	系列	产品名称	规格	销售单价	销售数量	销售金额	销售员
2	8/1	乐购店	红石榴系列	红石榴套装（洁面+水+乳）	套	178	12	2136	王淑芬
3	8/1	百货大楼店	柔润倍现系列	柔润倍现保湿精华霜	50g	88	6	528	周星辰
4	8/2	百货大楼店	水嫩精纯系列	水嫩精纯能量元面霜	45ml	99	5	495	王淑芬
5	8/2	百货大楼店	红石榴系列	红石榴倍润滋养霜	50g	90	9	810	王晨曦
6	8/3	万达店	红石榴系列	红石榴套装（洁面+水+乳）	套	178	12	2136	夏子蒙
7	8/3	百货大楼店	柔润倍现系列	柔润盈透洁面泡沫	150g	48	11	528	周星辰
8	8/8	乐购店	水嫩精纯系列	水嫩精纯明星眼霜	15g	118	7	826	王淑芬
9	8/5	乐购店	水嫩精纯系列	水嫩精纯明星美肌水	100ml	115	7	805	赵科然
10	8/6	乐购店	柔润倍现系列	柔润盈透洁面泡沫	150g	48	10	480	周星辰
11	8/6	万达店	柔润倍现系列	柔润倍现保湿精华霜	50g	88	4	352	夏子蒙
12	8/7	乐购店	红石榴系列	红石榴去角质素	100g	65	6	390	赵科然
13	8/7	万达店	水嫩精纯系列	水嫩精纯能量元面霜	45ml	99	15	1485	夏子蒙
14	8/7	万达店	柔润倍现系列	红石榴鲜活水盈润肤水	120ml	88	10	880	周星辰
15	8/8	万达店	红石榴系列	红石榴套装（洁面+水+乳）	套	178	3	534	夏子蒙
16	8/8	万达店	柔润倍现系列	柔润倍现套装	套	288	2	576	包玲玲
17	8/8	百货大楼店	柔润倍现系列	柔润倍现盈透精华水	100ml	50	10	500	王晨曦
18	8/9	万达店	柔润倍现系列	柔润倍现盈透精华水	100ml	50	6	300	夏子蒙
19	8/9	万达店	红石榴系列	红石榴倍润滋养霜	50g	90	5	450	包玲玲
20	8/9	乐购店	红石榴系列	红石榴鲜活水盈乳液	100ml	95	4	380	王淑芬
21	8/10	百货大楼店	红石榴系列	红石榴鲜活水盈乳液	100ml	95	6	570	赵科然
22	8/11	百货大楼店	柔润倍现系列	柔润倍现保湿精华乳液	100ml	85	4	340	王晨曦

图 1-21

❷ 选中数据表中的任意单元格，在"插入"选项卡的"表格"组中单击"数据透视表"按钮，打开"创建数据透视表"对话框，如图 1-22 所示。

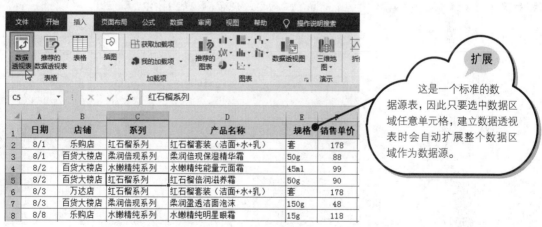

图 1-22

❸ 在"选择一个表或区域"框中显示了当前要建立为数据透视表的数据源（默认情况下将整张数据表作为建立数据透视表的数据源），如图 1-23 所示。单击"确定"按钮，创建一张空的数据透视表，如图 1-24 所示。

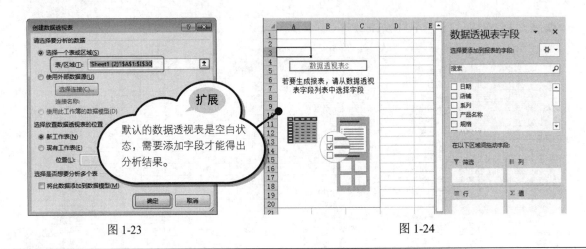

图 1-23   图 1-24

例 3：添加字段分析数据

在创建了数据透视表之后，默认是一个空表，要想得出各种分析结果，需要进行不同字段的设置。

方法 1：鼠标拖动法

在字段列表中选择字段，按住鼠标左键不放将其拖到下面的字段设置框中。例如将"店铺"拖动到"行标签"区域，如图 1-25 所示；将"销售金额"拖动到"值"区域，如图 1-26 所示，通过得到的分析表可以直观地看到各个部门中各个商品的总数量与总金额，如图 1-27 所示。

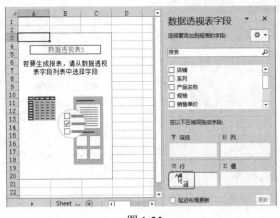 

图 1-25   图 1-26

方法 2：右键添加法

❶ 在字段列表中，在目标字段"系列"上右击，在弹出的右键菜单中选择要将字段添加到的位置，如"添加到列标签"，如图 1-28 所示。

图 1-27

图 1-28

❷ 按相同的方法将"销售金额"添加到"值"区域,即可分析各系列产品在各店铺的销售金额,如图 1-29 所示。

图 1-29

例 4：重新更改透视表的数据源

在创建了数据透视表之后，还可以根据需要更改透视表的数据源，无须重建。

❶ 打开工作表，切换到"数据透视表工具→分析"选项卡的"数据"组中单击"更改数据源"按钮，在弹出的下拉列表中选择"更改数据源"选项，如图 1-30 所示。

❷ 打开"更改数据透视表数据源"对话框，单击"表/区域"文本框后面的拾取器按钮（如图 1-31 所示），回到工作表中用鼠标重新选择要使用的数据源，选择后再单击拾取器按钮返回，如图 1-32 所示。

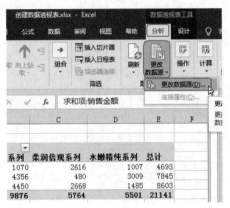

图 1-30

图 1-31

	A	B	C	D	E	F	G	H	I
1	日期	店铺	系列	产品名称	规格	销售单价	销售数量	销售金额	销售员
2	8/1	乐购店	红石榴系列	红石榴套装（洁面+水+乳）	套	178	12	2136	王淑芬
3	8/1	百货大楼店	柔润倍现系列	柔润倍现保湿精华霜	50g	88	6	528	周星辰
4	8/2	百货大楼店	水嫩精纯系列	水嫩精纯能量元面霜	45ml	99	5	495	王淑芬
5	8/2	百货大楼店	红石榴系列	红石榴倍润滋养霜	50g	90	9	810	王晨曦
6	8/3	乐购店	红石榴系列	红石榴套装（洁面+水+乳）	套	178	12	2136	夏子蒙
7	8/3	百货大楼店	柔润倍现系列	柔润倍现洁面泡沫	150g	48	11	528	周星辰
8	8/8	乐购店	水嫩精纯				7	826	王淑芬
9	8/5	乐购店	水嫩精纯				7	805	赵科然
10	8/6	乐购店	柔润倍现				10	480	周星辰
11	8/6	万达店	柔润倍现				4	352	夏子蒙
12	8/7	乐购店	红石榴系列	红石榴去角质素	100g	65	6	390	赵科然
13	8/7	万达店	水嫩精纯系列	水嫩精纯能量元面霜	45ml	99	15	1485	夏子蒙
14	8/7	乐购店	红石榴系列	红石榴鲜活水盈润肤水	120ml	88	10	880	周星辰
15	8/8	万达店	红石榴系列	红石榴套装（洁面+水+乳）	套	178	3	534	夏子蒙
16	8/8	万达店	柔润倍现系列	柔润倍现套装	套	288	2	576	包玲玲
17	8/8	百货大楼店	柔润倍现系列	柔润倍现盈透精华水	100ml	50	10	500	王晨曦
18	8/9	万达店	柔润倍现系列	柔润倍现盈透精华水	100ml	50	6	300	夏子蒙
19	8/9	万达店	红石榴系列	红石榴倍润滋养霜	50g	90	5	450	包玲玲
20	8/9	乐购店	红石榴系列	红石榴鲜活水盈乳液	100ml	95	4	380	王淑芬
21	8/10	乐购店	红石榴系列	红石榴鲜活水盈乳液	100ml	95	6	570	赵科然

图 1-32

❸ 单击"确定"按钮，即可完成对数据源的修改，如图 1-33 所示。

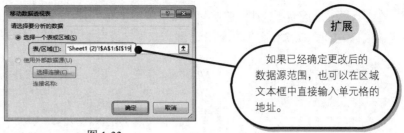

图 1-33

扩展

如果已经确定更改后的数据源范围，也可以在区域文本框中直接输入单元格的地址。

1.1.4　字段位置及顺序的调节

数据透视表的字段并非固定不变，不仅可以添加与删除，还可以调整其位置与顺序。一般情况下，调整字段的位置和顺序并不会改变分析结果，但是可以使分析结果更直观，呈现效果更好。

例1：调整字段位置获取不同统计效果

创建数据透视表后，添加的字段一般都默认添加在行标签下。通过以下方法可以调整字段位置，呈现不同效果。图 1-34 所示的字段"系列"默认添加在行标签下，现在要将其调整到列标签，形成图 1-35 所示的透视表。

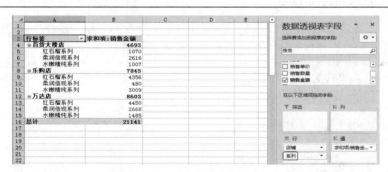

图 1-34

图 1-35

在"行标签"区域中选中"系列"字段（如图 1-36 所示），按住鼠标左键不放拖到"列标签"区域中释放鼠标，如图 1-37 和图 1-38 所示。或者删除字段后重新再添加到目标区域中。

> **扩展**
> 也可以单击"系列"右侧下拉菜单按钮，在弹出的下拉菜单中单击"移动到列标签"按钮。

| 图 1-36 | 图 1-37 | 图 1-38 |

例2：调节字段顺序

数据透视表是一个交互式报表，通过调节字段可以获取多种不同的统计结果。因此当设置字段后，可以通过调节字段顺序达到不同的统计目的。

❶ 当前数据透视表中设置了"店铺"与"系列"字段为行标签，统计结果如图 1-39 所示。

图 1-39

❷ 在要调整的字段"系列"上右击，在右键菜单中单击"上移"或"下移"按钮，如图 1-40 所示。调整后的数据透视表的统计结果也自动发生变化，如图 1-41 所示。

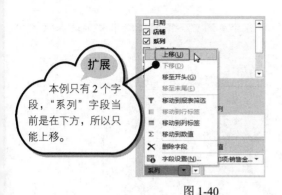

扩展

本例只有2个字段，"系列"字段当前是在下方，所以只能上移。

图 1-40

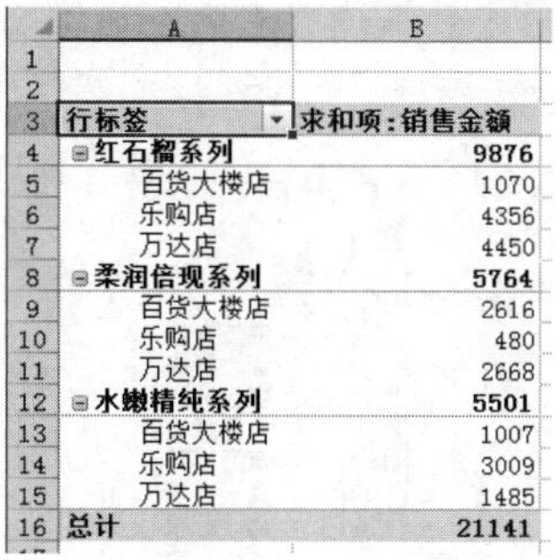

图 1-41

1.1.5　用特殊的数据来创建数据透视表

在创建数据透视表的时候可以使用整张工作表的数据，也可以使用部分数据，还可以使用外部数据。

例 1：只用部分数据创建数据透视表

在创建数据透视表时，如果只想针对性地分析某一项数据，可以只选择其中一部分数据来创建数据透视表。

❶ 在数据表中选中部分数据，例如本例中选中"类别"和"班级"列的数据，切换到"插入"选项卡的"表格"组中单击"数据透视表"按钮，选择"数据透视表"选项，如图1-42所示。

❷ 打开"创建数据透视表"对话框。在"选择一个表或区域"框中显示了选中的单元格区域，如图 1-43 所示。

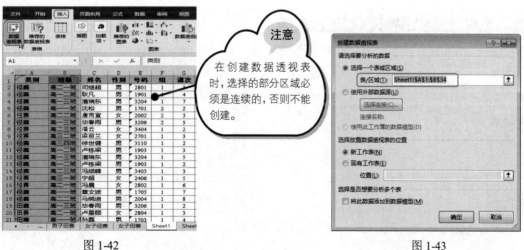

注意

在创建数据透视表时，选择的部分区域必须是连续的，否则不能创建。

图 1-42

图 1-43

❸ 创建数据透视表后，通过添加字段可以实现只统计各个赛别中各不同班级中参加的人数，如图 1-44 所示。

图 1-44

例 2：用含有合并单元格的数据来创建数据透视表

在 1.1.2 小节中已经介绍过数据透视表对数据源的要求，其中讲到数据源中不应该使用合并单元格。但如果现有的源数据中包含了合并单元格，此时可以按如下方法来进行处理。

❶ 打开工作表，在 A 列的列标上单击鼠标选中，在"开始"选项卡的"剪贴板"组中单击"格式刷"按钮，然后在任意空白列的列标上单击（如图 1-45 所示），将 A 列的格式引用下来，如图 1-46 所示。

图 1-45

图 1-46

❷ 选中 A 列中合并的单元格区域，在"开始"选项卡的"对齐方式"组中单击"合并后居中"按钮取消单元格的合并，如图 1-47 所示。

❸ 接着按 F5 键，打开"定位"对话框，单击"定位条件"按钮打开"定位条件"对话框，选中"空值"单选框，如图 1-48 所示。

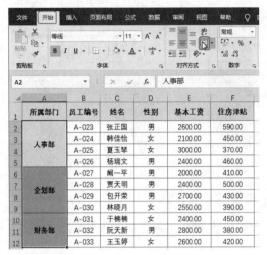

图 1-47   图 1-48

❹ 单击"确定"按钮，即可定位并选中取消合并后的单元格区域中的空值单元格，在编辑栏中输入"=A2"，如图 1-49 所示。然后按 Ctrl+Enter 组合键，即可实现空白单元格填充相同项，如图 1-50 所示。

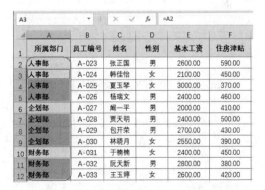

图 1-49   图 1-50

❺ 选中❶步中复制了格式的列的列标，在"开始"选项卡的"剪贴板"组中单击"格式刷"按钮，然后在 A 列的列标上单击，将 A 列的格式恢复，如图 1-51 所示。

❻ 用处理后的数据源创建新数据透视表即可得到正确的统计结果，效果如图 1-52 所示。

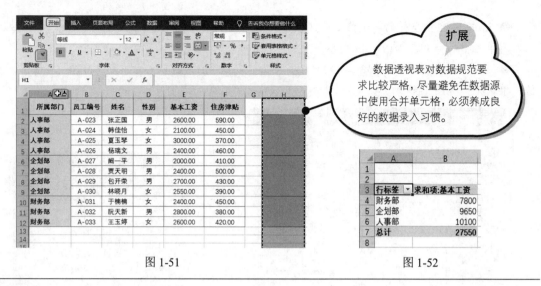

图 1-51

图 1-52

例 3：使用外部数据源建立数据透视表

在当前工作表中还可以使用当前工作簿以外的数据来建立数据透视表，即使用外部数据源建立数据透视表。

❶ 在当前工作表中，首先定位要显示数据透视表的位置，在"插入"选项卡的"表格"组中单击"数据透视表"按钮，打开"创建数据透视表"对话框，选中"使用外部数据源"单选按钮，如图 1-53 所示。

❷ 单击"选择连接"按钮，打开"现有连接"对话框，单击左下角的"浏览更多"按钮，如图 1-54 所示。

图 1-53

图 1-54

❸ 在弹出的"选取数据源"对话框中定位并选中要创建为数据透视表的工作簿文件，如图 1-55 所示。

❹ 单击"打开"按钮，在弹出的"选择表格"对话框中选中目标表格，如图 1-56 所示。

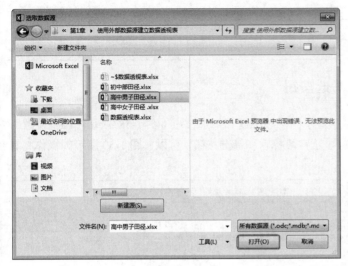

图 1-55

图 1-56

❺ 单击"确定"按钮，返回"创建数据透视表"对话框，单击"确定"按钮即可使用外部数据创建数据透视表。在"分析"选项卡的"数据"组中单击"更改数据源"命令按钮，可以看到提示此数据透视表使用的是外部数据，如图 1-57 所示。

图 1-57

1.2 数据透视表结构布局

建立数据透视表后，不仅可以调整字段获取不同的统计报表，还可以调整结构布局，让报表的显示效果更加直观。例如调整报表的布局为表格形式、将每个项目以空行间隔、调整分类汇总的显示方式等。

1.2.1 隐藏字段标题和筛选按钮

在建立数据透视表后会默认显示出字段标题和筛选按钮（图 1-58 所示中画框位置即为字段标题），如果用户不希望显示字段标题和筛选按钮，可以按图 1-59 所示的操作将其隐藏，效果如图 1-60 所示。

图 1-58

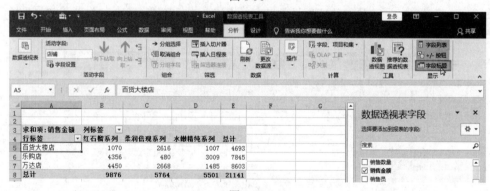

图 1-59

	A	B	C	D	E
1					
2					
3	求和项:销售金额				
4		红石榴系列	柔润倍现系列	水嫩精纯系列	总计
5	百货大楼店	1070	2616	1007	4693
6	乐购店	4356	480	3009	7845
7	万达店	4450	2668	1485	8603
8	总计	9876	5764	5501	21141

图 1-60

1.2.2　标识的显示与隐藏

数据透视表报表中的"求和项:""计数项:"及项目标签等标识,可以通过设置实现隐藏或更改其显示方式。

例 1:报表中不显示"求和项:""计数项:"等标识

在添加字段到"值"区域时,根据当前的计算方式,报表中字段名称前会相应显示"求和项:""计算项:"等标识,如图 1-61 所示。如果不想显示这些标识,可以按如下方法操作。

❶ 选中数据透视表中任意单元格,在"数据透视表工具→分析"选项卡的"操作"组中单击"选择"按钮,在下拉列表中选择"整个数据透视表"命令,选中整个数据透视表,如图 1-62 所示。

图 1-61

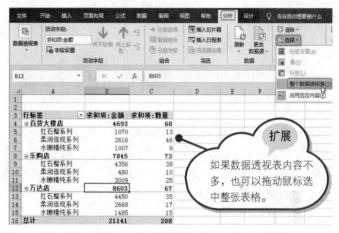

图 1-62

❷ 按 Ctrl+H 组合键,打开"查找和替换"对话框,在"查找内容"框中输入"求和项:",在"替换为"框中输入空格,如图 1-63 所示。

❸ 单击"全部替换"按钮,可以看到数据透视表中不再显示"求和项:"标识,如图 1-64 所示。

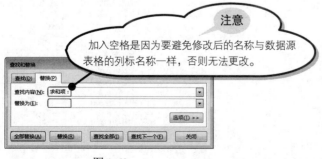

图 1-63

图 1-64

例 2：重复所有项目标签

图 1-65 所示的数据透视表是以表格形式的布局显示的，每一类别下面对应多个班级，通过设置可以实现让类别名称重复显示，达到一一对应的效果。

	A	B	C	D	E
2					
3	类别	班级	人数		
4	⊟径赛	高二二班	6		
5		高二三班	6		
6		高二一班	14		
7		高三二班	4		
8		高三四班	5		
9		高三一班	1		
10		高一二班	15		
11		高一三班	10		
12		高一一班	4		
13	径赛 汇总		65		
14	⊟田赛	高二二班	7		
15		高二四班	1		
16		高二一班	13		
17		高三四班	10		
18		高一二班	12		
19		高一三班	7		
20		高一一班	11		
21	田赛 汇总		61		
22	总计		126		

扩展

这种数据透视表是以表格布局显示的。本章 1.2.5 小节的例 1 将详细介绍如何将数据透视表设置为以表格形式的布局显示。

图 1-65

❶ 选中数据透视表的任意单元格，在“数据透视表工具→设计”选项卡的“布局”组中单击“报表布局”按钮，在弹出的下拉菜单中选择“重复所有项目标签”命令，如图 1-66 所示。

❷ 执行上述操作后即可达到如图 1-67 所示的一一对应的效果。

图 1-66

	A	B	C
3	类别	班级	人数
4	⊟径赛	高二二班	6
5	径赛	高二三班	6
6	径赛	高二一班	14
7	径赛	高三二班	4
8	径赛	高三四班	5
9	径赛	高三一班	1
10	径赛	高一二班	15
11	径赛	高一三班	10
12	径赛	高一一班	4
13	径赛 汇总		65
14	⊟田赛	高二二班	7
15	田赛	高二四班	1
16	田赛	高二一班	13
17	田赛	高三四班	10
18	田赛	高一二班	12
19	田赛	高一三班	7
20	田赛	高一一班	11
21	田赛 汇总		61
22	总计		126

图 1-67

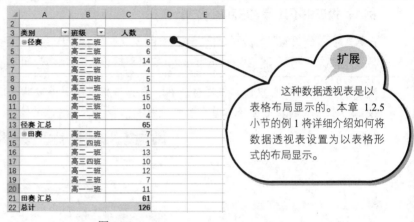

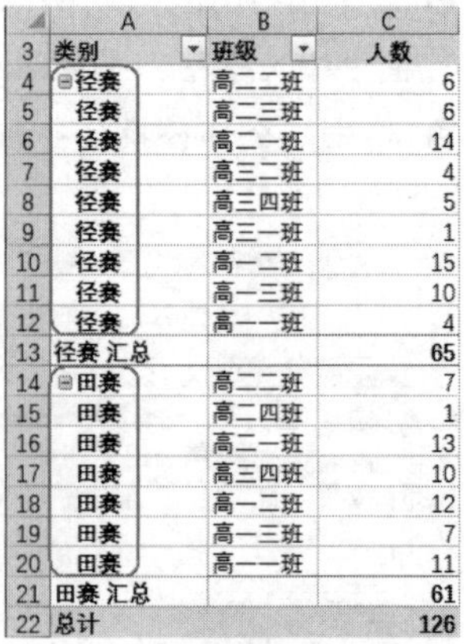

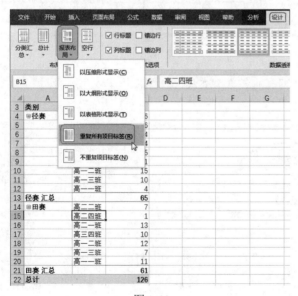

例3：显示合并单元格标志

图 1-68 所示的数据透视表是以表格形式显示的,每个商品类别下包含多名销售人员，将商品类别名称以合并单元格显示，可以让表格更直观，如图 1-69 所示。

3	商品类别	销售人员	求和项:数量	求和项:销售金额
4	⊟图书	陈再欣	241	1547.69
5		崔丽	232	8356.76
6		江梅子	60	299.8
7		张文娜	94	6939.14
8	图书 汇总		627	17143.39
9	⊟玩具	陈再欣	91	367.14
10		崔丽	359	8983.78
11		江梅子	372	2995.4
12		张鸿博	278	2908.11
13		张文娜	283	7808.41
14	玩具 汇总		1383	23062.84
15	⊟文具	陈再欣	39	526.68
16		崔丽	19	299.85
17		江梅子	330	3197.2
18		张鸿博	200	8358.27
19		张文娜	405	8677.08
20	文具 汇总		993	21059.08
21	总计		3003	61265.31

图 1-68

3	商品类别	销售人员	求和项:数量	求和项:销售金额
4		陈再欣	241	1547.69
5	图书	崔丽	232	8356.76
6		江梅子	60	299.8
7		张文娜	94	6939.14
8	图书 汇总		627	17143.39
9		陈再欣	91	367.14
10		崔丽	359	8983.78
11	玩具	江梅子	372	2995.4
12		张鸿博	278	2908.11
13		张文娜	283	7808.41
14	玩具 汇总		1383	23062.84
15		陈再欣	39	526.68
16		崔丽	19	299.85
17	文具	江梅子	330	3197.2
18		张鸿博	200	8358.27
19		张文娜	405	8677.08
20	文具 汇总		993	21059.08
21	总计		3003	61265.31

图 1-69

❶ 选中数据透视表的任意单元格，在"数据透视表工具→分析"选项卡的"数据透视表"组中单击"选项"按钮，如图 1-70 所示。

❷ 打开"数据透视表选项"对话框，单击"布局和格式"选项卡，选中"合并且居中排列带标签的单元格"复选框，如图 1-71 所示。

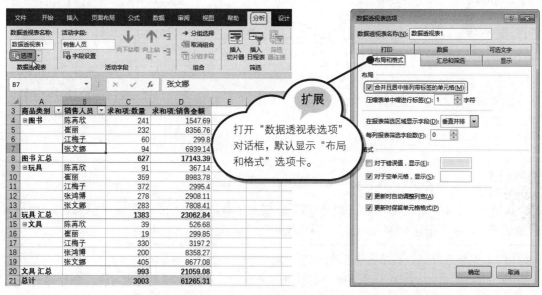

> **扩展**
> 打开"数据透视表选项"对话框，默认显示"布局和格式"选项卡。

图 1-70

图 1-71

❸ 单击"确定"按钮完成设置，即可达到如图 1-69 所示的效果。

1.2.3 调整任务窗格布局

数据透视表任务窗格是用于显示字段列表及进行字段设置的区域。调整数据透视表任务窗格布局是更改其显示方式。另外，当该窗格在透视表中不显示时，要学会找回的方法。

例 1：更改"数据透视表字段"任务窗格的布局

"数据透视表字段"任务窗格的默认布局是层叠式的，除此之外，还有多种布局方式。可以通过如下方法来进行更改。

❶ 打开"数据透视表字段"任务窗格，单击下拉按钮，在弹出的下拉菜单中选择"字段节和区域节并排"命令，如图 1-72 所示。

❷ 执行上述操作后，可以看到"数据透视表字段"任务窗格显示为并排效果，如图 1-73 所示。这种布局方式更适合字段较多时使用。

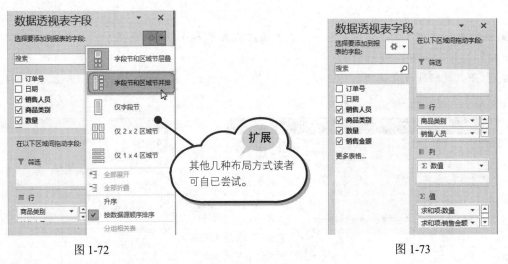

图 1-72　　　　　　　　　　　　　　　　　　图 1-73

例 2：找回丢失的"数据透视表字段"任务窗格

在默认状态下，当建立了数据透视表之后，"数据透视表字段"任务窗格会自动显示。如果该任务窗格不显示了，可能是如下原因造成的。

原因 1：如果建立的数据透视表未被选中，该任务窗格不会显示。

原因 2：误操作手动关闭了该任务窗格。恢复方法为：选中数据透视表，在"数据透视表工具→

分析"选项卡的"显示"组中单击"字段列表"按钮使其处于点亮状态，即可恢复该任务窗格的显示，如图 1-74 所示。

图 1-74

1.2.4　调整分类汇总布局

在建立数据透视表后会显示分类汇总，分类汇总的显示位置可以按个人操作习惯进行调整，也可以设置不显示分类汇总。

例 1：设置数据透视表分类汇总布局

当设置两个或两个以上字段为行标签时，数据透视表中会出现分类汇总项，默认分类汇总项显示在组的顶部，根据实际需要可重新设置。

❶ 选中数据透视表的任意单元格，在"数据透视表工具→设计"选项卡的"布局"组中单击"分类汇总"按钮，在弹出的下拉菜单中根据需要进行选择，如选择"在组的底部显示所有分类汇总"命令，如图 1-75 所示。

❷ 执行上述操作后，分类汇总就会在组的底部显示，如图 1-76 所示。

图 1-75

除此之外，还可以设置为组的顶部显示所有的分类汇总。

3	行标签	求和项:数量	求和项:销售金额
4	⊟图书		
5	陈再欣	241	1547.69
6	崔丽	232	8356.76
7	江梅子	60	299.8
8	张文娜	94	6939.14
9	图书 汇总	627	17143.39
10	⊟玩具		
11	陈再欣	91	367.14
12	崔丽	359	8983.78
13	江梅子	372	2995.4
14	张鸿博	278	2908.11
15	张文娜	283	7808.41
16	玩具 汇总	1383	23062.84
17	⊟文具		
18	陈再欣	39	526.68
19	崔丽	19	299.85
20	江梅子	330	3197.2
21	张鸿博	200	8358.27
22	张文娜	405	8677.08
23	文具 汇总	993	21059.08
24	总计	3003	61265.31

图 1-76

例 2：隐藏所有字段的分类汇总

如果不想使用分类汇总，可以将分类汇总结果隐藏。

❶ 选中数据透视表的任意单元格，在"数据透视表工具→设计"选项卡的"布局"组中单击"分类汇总"按钮，在弹出的下拉菜单中选择"不显示分类汇总"命令，如图 1-77 所示。

❷ 执行上述操作后，数据透视表无分类汇总值，如图 1-78 所示。

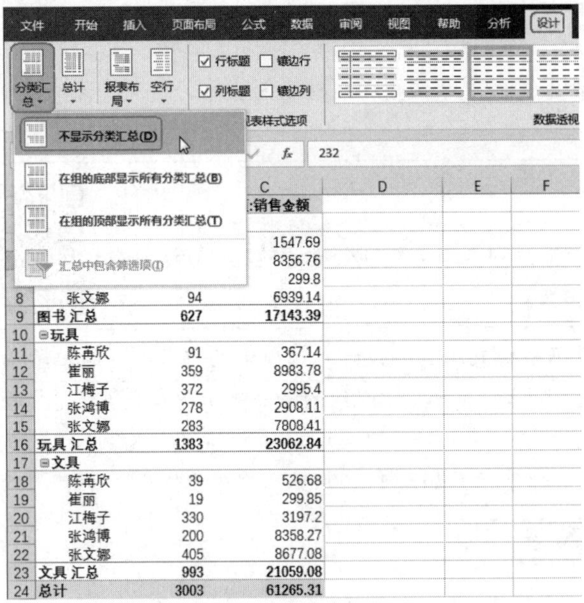

图 1-77

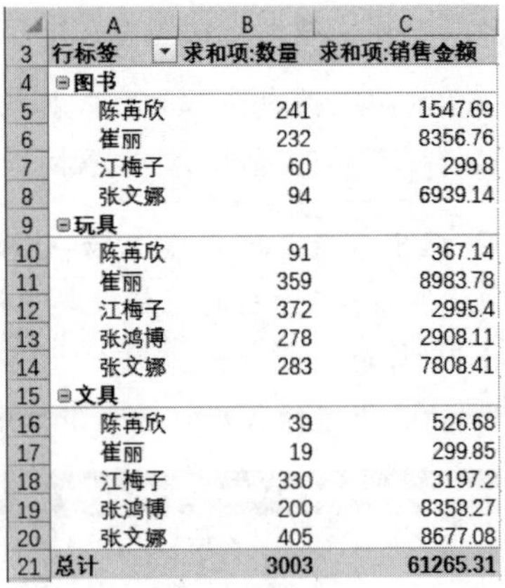

图 1-78

1.2.5　调整报表布局

数据透视表的布局样式可以设置成以压缩、表格或大纲等形式显示。每个项目之间也可以用空行隔开。当字段列表的字段顺序混乱时，还可以对其进行排序。

例 1：设置数据透视表以表格形式显示

新建的数据透视表默认以压缩形式显示，在这种显示方式下，如果使用两个或两个以上行标签，标签名称将被压缩而无法显示出来（图 1-79 中只显示了"行标签"字样，却无法看到标签名称）。在这种情况下，则需要更改数据透视表的显示方式为表格形式或大纲形式。

❶ 选中数据透视表行字段的任意单元格，在"数据透视表工具→设计"选项卡的"布局"组中单击"报表布局"按钮，展开下拉菜单，如图1-80所示。

图 1-79

图 1-80

❷ 选择"以表格形式显示"命令，效果如图1-81所示（可以看到标签名称已经显示出来了）；选择"以大纲形式显示"命令，效果如图1-82所示。

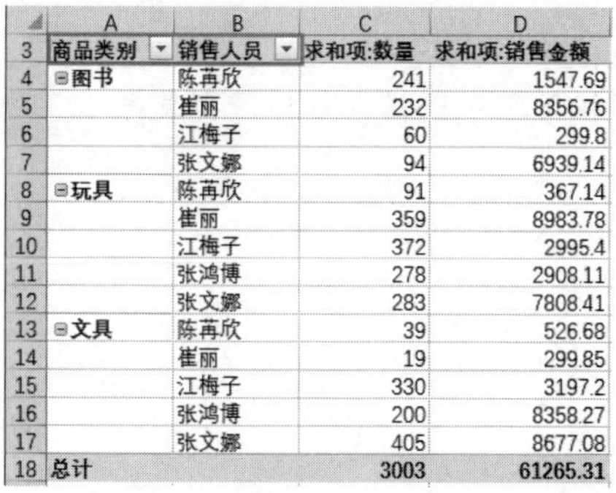

图 1-81

图 1-82

例2：将每个项目以空行间隔

在每个项目后添加空行来间隔，可以让数据透视表显示效果更具条理性，更便于数据查看。

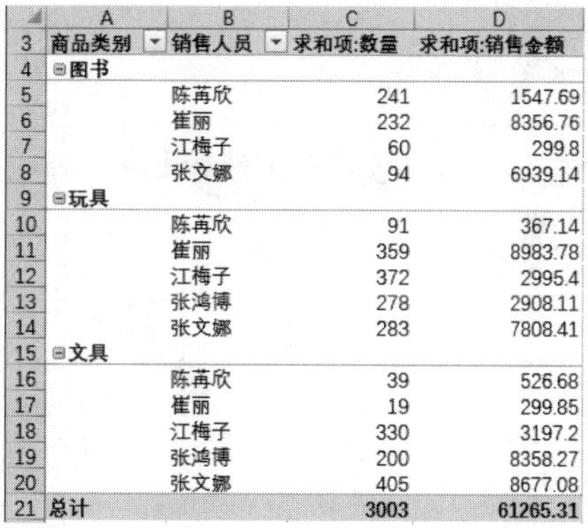

❶ 选中数据透视表的任意单元格，在"数据透视表工具→设计"选项卡的"布局"组中单击"空行"按钮，在弹出的下拉菜单中选择"在每个项目后插入空行"命令，如图1-83所示。

❷ 执行上述操作后，可以看到数据透视表中每个项目后都添加了空行，如图1-84所示。

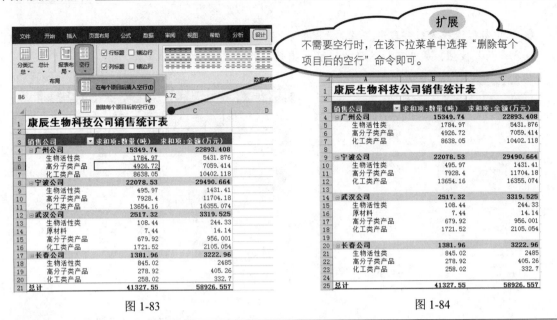

图 1-83   图 1-84

例3：并排显示报表筛选字段

如果设置了多个报表筛选字段，可以设置筛选字段的显示方式，默认为垂直并排显示。

❶ 选择数据透视表中的任意单元格，右击，在弹出的下拉菜单中选择"数据透视表选项"命令，如图 1-85 所示。

图 1-85

❷ 打开"数据透视表选项"对话框，单击"布局和格式"选项卡，单击"在报表筛选区域显示字

段”文本框后的下拉按钮，选择“水平并排”，如图 1-86 所示。

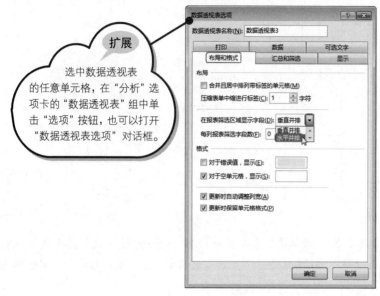

图 1-86

❸ 单击“确定”按钮，即可看到水平显示页字段，如图 1-87 所示。

	A	B	C	D	E
1					
2	销售单价	(全部)		日期	(全部)
3					
4	行标签	求和项:销售金额	求和项:销售数量		
5	⊟百货大楼店	4693	68		
6	红石榴系列	1070	13		
7	柔润倍现系列	2616	46		
8	水嫩精纯系列	1007	9		
9	⊟乐购店	7845	73		
10	红石榴系列	4356	38		
11	柔润倍现系列	480	10		
12	水嫩精纯系列	3009	25		
13	⊟万达店	8603	67		
14	红石榴系列	4450	35		
15	柔润倍现系列	2668	17		
16	水嫩精纯系列	1485	15		
17	总计	21141	208		

图 1-87

例 4：对字段列表中的字段进行排序

字段列表中字段的显示顺序默认与数据表中列标识的顺序相一致，图 1-88 所示为数据表，图 1-89 所示为使用该数据表创建数据透视表后字段的显示顺序。如果想让该列中字段按从 1 月到 6 月的顺序排列，操作方法如下。

	A	B	C	D	E	F	G
1	姓名	6月	1月	3月	2月	5月	4月
2	蔡丽丽	164	234	110	184	191	191
3	蔡丽丽	245	258	175	169	164	172
4	蔡丽丽	168	198	195	164	180	205
5	程颖婷	155	287	155	115	167	110
6	程颖婷	281	251	137	115	164	236
7	程颖婷	155	211	210	211	181	124
8	范美凤	210	104	115	194	113	137
9	范美凤	195	164	180	205	164	168
10	范美凤	155	115	167	110	115	155
11	黄丹丹	131	106	145	211	167	210
12	黄丹丹	155	180	145	194	181	110
13	黄丹丹	210	167	145	236	113	236
14	刘晓宇	115	174	234	124	164	184
15	刘晓宇	210	236	258	251	287	169
16	刘晓宇	217	124	115	124	251	115
17	聂燕燕	111	215	126	215	106	211
18	聂燕燕	157	144	131	211	121	131
19	聂燕燕	124	115	210	125	181	161
20	庆彤	126	110	131	210	171	214
21	庆彤	131	125	356	210	217	151
22	庆彤	162	214	131	210	113	106

图 1-88

图 1-89

❶ 选中数据透视表中任意单元格，在"数据透视表工具→分析"选项卡的"数据透视表"组中单击"选项"按钮，打开"数据透视表选项"对话框。单击"显示"选项卡，在"字段列表"栏中选中"升序"单选框，如图 1-90 所示。

❷ 完成上述设置后，可以看到字段列表中字段的顺序已经按升序进行了排列，如图 1-91 所示。

图 1-90

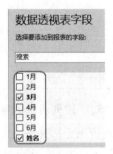

图 1-91

第 2 章

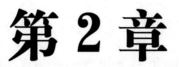

数据透视表编辑及打印

数据透视表
编辑及打印

- **2.1 数据透视表编辑**
  - 2.1.1 字段设置
    - 例1：重命名字段名称
    - 例2：字段的展开或折叠
    - 例3：将筛选字段中各个项创建为新工作表
  - 2.1.2 查看明细数据
    - 例1：查看项的明细数据
    - 例2：查看某一汇总项的明细数据
    - 例3：禁止他人通过双击单元格查看明细数据
  - 2.1.3 数据透视表的移动与删除
    - 例1：移动数据透视表的位置
    - 例2：删除数据透视表

- **2.2 数据透视表的刷新与优化**
  - 2.2.1 刷新数据透视表
    - 例1：刷新单张数据透视表
    - 例2：批量刷新数据透视表
    - 例3：启动自动刷新数据透视表
  - 2.2.2 刷新数据透视表后的优化设置
    - 例1：让刷新后仍然保持原数据透视表的格式
    - 例2：清除字段列表中已删除的字段
    - 例3：解决刷新后字段丢失问题

- **2.3 数据透视表样式应用**
  - 2.3.1 设置数据透视表边框及文字格式
    - 例1：设置数据透视表的边框
    - 例2：设置数据透视表文字格式
  - 2.3.2 套用样式美化数据透视表
    - 例1：套用数据透视表样式一键美化数据透视表
    - 例2：应用样式删除原格式
  - 2.3.3 创建数据透视表样式
    - 例1：自定义数据透视表样式
    - 例2：修改样式中个别元素的格式
    - 例3：在内置样式基础上修改样式
  - 2.3.4 数据透视表样式的优化设置
    - 例1：指定样式为新建数据透视表时的默认样式
    - 例2：将"数据透视表样式"库添加到快速访问工具栏
    - 例3：删除自定义样式

- **2.4 打印数据透视表**
  - 2.4.1 按要求打印
    - 例1：实现按字段分项打印（如打印每位销售员的销售报表）
    - 例2：设置筛选字段的分项打印（如按年份分页打印报表）
  - 2.4.2 打印设置
    - 例1：设置重复打印标题行
    - 例2：设置重复打印表头

2.1　数据透视表编辑

上一章介绍了如何创建出具有多种分析目的的数据透视表，以及如何对数据透视表进行布局调整等相关知识。

数据透视表的编辑包括字段的设置、数据的查看以及透视表的移动与删除等。建立数据透视表后还不能完全实现数据分析的目的，必须学会编辑数据透视表才能灵活运用它。本节将详细介绍数据透视表的相关编辑操作。

2.1.1　字段设置

本小节将重点介绍如何设置字段，包括重命名字段名称、字段的展开或折叠以及如何将筛选字段中各个项创建为新工作表。

例 1：重命名字段名称

当前例子中是要统计出各个班级的参赛人数，但在设置了求和项字段后，默认的名称是"计数项：姓名"这样的名称，如图 2-1 所示，如果将名称修改为"人数"，统计效果会更加直观。

❶ 在"数据透视表字段"栏中选中需要更名的字段，单击右侧的下拉按钮，选择"值字段设置"命令，如图 2-2 所示。

图 2-1

直接单击字段名也能弹出下拉菜单。

图 2-2

❷ 打开"值字段设置"对话框，在"自定义名称"后的文本框中将名称更改为"人数统计"，如

图 2-3 所示。

❸ 单击"确定"按钮可以看到数据透视表中的名称更改了（原名称为"计数项：姓名"），如图 2-4 所示。

图 2-3

图 2-4

例 2：字段的展开或折叠

如果设置多于一个字段为某一标签，通过折叠字段可以查看汇总数据，通过展开字段可以查看明细数据。

❶ 如本例中选中行标签下任意单元格，如图 2-5 所示。在"数据透视表工具→分析"选项卡的"活动字段"组中单击"折叠整个字段"按钮，即可折叠显示到上一级统计结果，如图 2-6 所示。

图 2-5

❷ 执行上面的命令会折叠或显示整个字段。如果只想折叠单个字段，则单击目标字段前面的"–"号，折叠后"–"号变成"+"号，如图2-7所示。

图2-6　　　　　　　　　　　　　　　　图2-7

例3：将筛选字段中各个项创建为新工作表

添加报表筛选字段后，可以通过设置显示报表筛选页，从而实现让每个筛选项显示于不同的工作表中，方便数据的查看。如图2-8所示的数据透视表，当前统计的是各个班级针对所有赛别的总得分及最高名次情况，因为添加的"类别"为筛选选项，可以通过筛选查看某一种赛别的统计情况，如图2-9所示。那么通过本例介绍的操作，则可以为每个不同赛别的统计结果都创建独立的工作表。

类别	(全部)	
行标签	总得分	最高名次
高二二班	13	1
高二三班	6	2
高二四班	1	6
高二一班	27	1
高三二班	4	3
高三四班	15	2
高三一班	1	6
高一二班	27	1
高一三班	17	2
高一一班	15	1
总计	126	1

图2-8

图2-9

❶ 选中数据透视表的任意单元格，在"数据透视表工具→分析"选项卡的"数据透视表"组中单击"选项"按钮，在弹出的下拉菜单中选择"显示报表筛选页"命令，如图2-10所示。

❷ 打开"显示报表筛选页"对话框，由于此处只设置了一个报表筛选字段，因此无须选择，如图2-11所示。

图 2-10

图 2-11

❸ 单击"确定"按钮,即可将"类别"字段中按每个类别名称而统计出的结果分别显示于不同的工作表中,这样可以分工作表查看各个不同比赛类别的统计数据,并且以每个类别名称自动作为工作表名称,如图 2-12~图 2-15 所示。

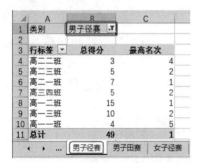

图 2-12

图 2-13

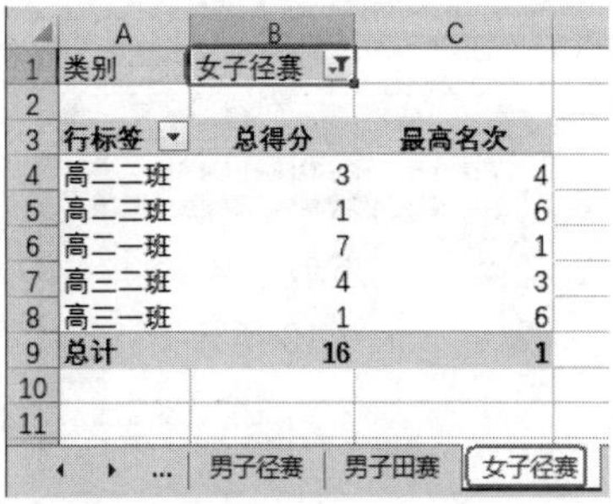

图 2-14

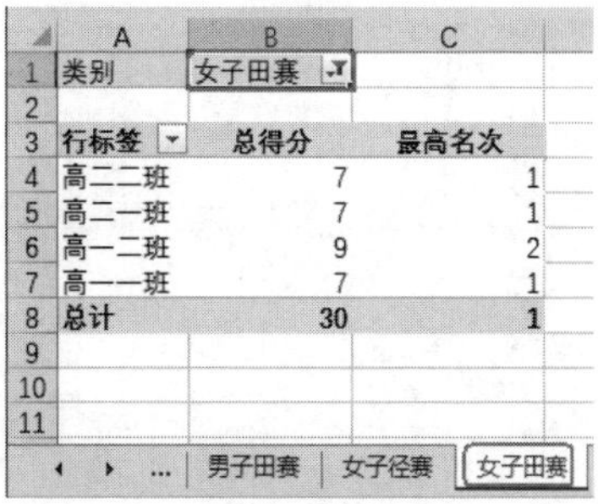

图 2-15

2.1.2 查看明细数据

创建了数据透视表后，要学会如何查看明细数据，包括各项、某一汇总项的明细数据。同时，如果创建的数据透视表不想被他人查看明细数据，也可以通过设置实现禁止他人通过双击单元格查看明细数据等。

例 1：查看项的明细数据

当添加字段后，字段下面会包含多个项，可以通过显示项的明细数据让未显示的数据透视表中的数据显示出来。在如图 2-16 所示的数据透视表中，想查看“崔丽”的所有订单号，即想得到如图 2-17 所示的效果，可进行如下操作。

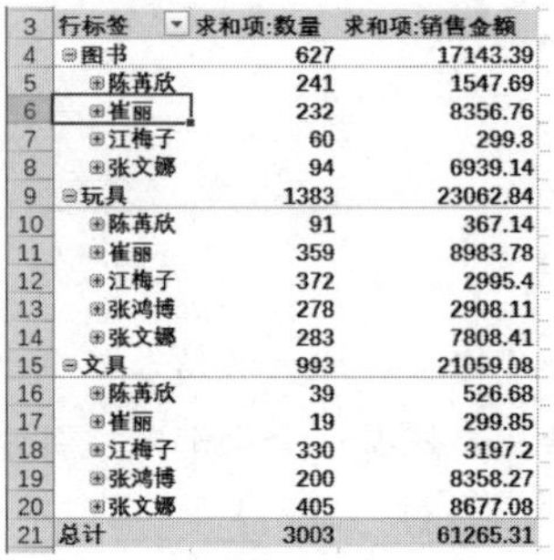

3	行标签	求和项:数量	求和项:销售金额
4	⊟图书	627	17143.39
5	⊞陈苒欣	241	1547.69
6	⊞崔丽	232	8356.76
7	⊞江梅子	60	299.8
8	⊞张文娜	94	6939.14
9	⊟玩具	1383	23062.84
10	⊞陈苒欣	91	367.14
11	⊞崔丽	359	8983.78
12	⊞江梅子	372	2995.4
13	⊞张鸿博	278	2908.11
14	⊞张文娜	283	7808.41
15	⊟文具	993	21059.08
16	⊞陈苒欣	39	526.68
17	⊞崔丽	19	299.85
18	⊞江梅子	330	3197.2
19	⊞张鸿博	200	8358.27
20	⊞张文娜	405	8677.08
21	总计	3003	61265.31

图 2-16

3	行标签	求和项:数量	求和项:销售金额
4	⊟图书	627	17143.39
5	⊞陈苒欣	241	1547.69
6	⊟崔丽	232	8356.76
7	NL_010	27	539.73
8	NL_024	96	879.08
9	NL_031	98	6879.06
10	NL_033	11	58.89
11	⊞江梅子	60	299.8
12	⊞张文娜	94	6939.14
13	⊟玩具	1383	23062.84
14	⊞陈苒欣	91	367.14
15	⊟崔丽	359	8983.78
16	NL_003	90	999.5
17	NL_004	87	6305
18	NL_012	12	250
19	NL_020	39	678.65
20	NL_023	99	686.95
21	NL_047	32	63.68
22	⊞江梅子	372	2995.4

图 2-17

❶ 选中“崔丽”项，右击，在右键菜单中依次选择“展开/折叠”→“展开”命令，如图 2-18 所示。

❷ 打开“显示明细数据”对话框，在列表框中选中“订单号”命令，如图 2-19 所示，即可显示出“崔丽”的所有订单号。

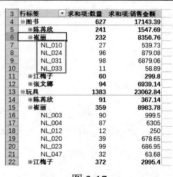

扩展

在数据透视表中的目标项上双击鼠标也可以显示该项明细数据。

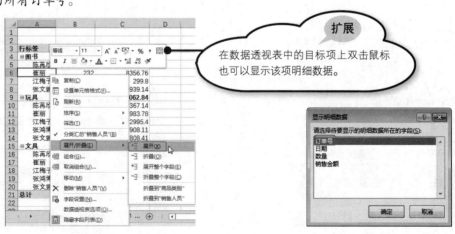

图 2-18

图 2-19

例2：查看某一汇总项的明细数据

数据透视表的统计结果是对多项数据汇总的结果。在建立数据透视表后，双击汇总项中的任意单元格，可以新建一张新工作表并显示出针对此汇总数据的明细数据。

❶ 例如针对本例的数据透视表，选中 B10 单元格，如图 2-20 所示。双击鼠标即可新建一张工作表，显示的是同时满足两个条件的所有明细记录，即"销售部门"为"二部""商品类别"为"玩具"的所有明细记录，如图 2-21 所示。

图 2-20

图 2-21

❷ 选中 C8 单元格，如图 2-22 所示，双击鼠标左键即可新建一张工作表，显示的是同时满足两个条件的所有明细记录，即"销售部门"为"一部"、"商品类别"为"图书"的所有明细记录，如图 2-23 所示。

图 2-22

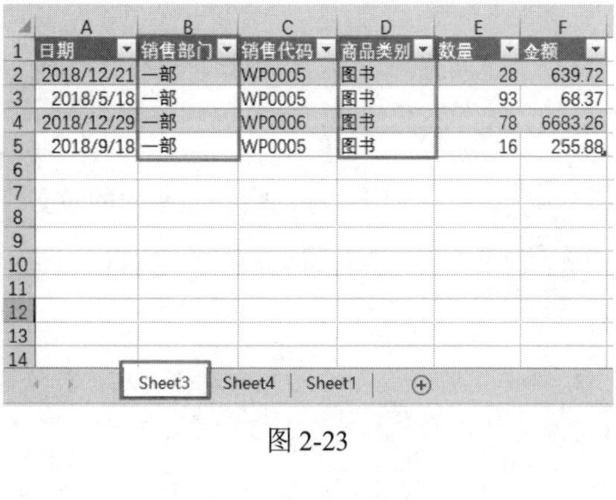

图 2-23

例 3：禁止他人通过双击单元格查看明细数据

如果想禁止他人通过双击单元格查看明细数据，如图 2-24 所示，可以通过选项设置实现。

选中数据透视表中的任意单元格，切换到"数据透视表工具"选项卡的"数据透视表工具→分析"选项卡的"数据透视表"组中，单击"选项"按钮，打开"数据透视表选项"对话框。选中"数据"选项卡，取消选中"启用显示明细数据"复选框，如图 2-25 所示。

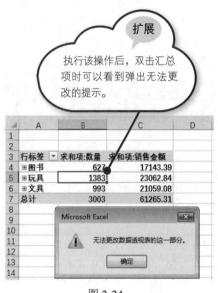

图 2-24

图 2-25

2.1.3　数据透视表的移动与删除

建立了数据透视表后，如果想与其他工作表中的数据进行比较分析，则可以移动数据透视表到目标工作表中；如果不再需要，则可以将其删除。

例 1：移动数据透视表的位置

用户可以将已经创建好的数据透视表在同一个工作簿的不同工作表中任意移动。

❶ 单击数据透视表的任意单元格，在"数据透视表工具→分析"选项卡的"操作"组中单击"移动数据透视表"按钮，如图 2-26 所示。

图 2-26

❷ 打开"移动数据透视表"对话框，在"现有工作表"下的"位置"设置框后的文本框中单击拾取器按钮，如图 2-27 所示。

❸ 回到工作簿中，先单击要移动到的工作表的标签，再单击选中目标单元格，表示数据透视表移动到的起始位置，如图 2-28 所示。

图 2-27

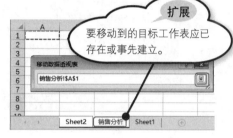

扩展

要移动到的目标工作表应已存在或事先建立。

图 2-28

❹ 单击"移动数据透视表"对话框中的拾取器按钮返回，如图 2-29 所示。单击"确定"按钮，即可移动数据透视表，如图 2-30 所示。

图 2-29

图 2-30

例 2：删除数据透视表

创建的数据透视表是一个整体，无法删除其中的数据，如果要删除，需要一次性删除整个表。

在数据透视表中单击任意单元格，切换到"数据透视表工具→分析"选项卡的"操作"组中，单击"清除"按钮，在弹出的下拉列表中单击"全部清除"按钮即可，如图 2-31 所示。

图 2-31

2.2　数据透视表的刷新与优化

当对数据透视表的数据源进行更新后，数据透视表不能同步更新，此时需要对其进行更新。该如何刷新透视表？又该如何优化刷新后的透视表？本节都将给出相应的解决方法。

2.2.1　刷新数据透视表

刷新数据透视表的方法有多种，可以刷新单张数据透视表，也可以批量刷新数据透视表，或者通过设置让程序启动自动刷新数据透视表。

例 1：刷新单张数据透视表

当数据透视表源数据发生更改时，需要进行刷新，这样数据透视表中的数据才会更改。刷新单张数据透视表的操作如下。

重新更新数据源后，选中数据透视表中任意单元格，切换到"数据透视表工具"选项卡的"数据透视表工具→分析"选项卡的"数据"组中，单击"刷新"按钮，从下拉菜单中选择"刷新"命令即可按新数据源显示数据透视表，如图 2-32 所示。

图 2-32

注意

普通数据更改后，单击刷新后即可重新统计。但若更改了已经添加至透视表中的字段名称，则该字段将会从透视表中自动删除，需要重新再次添加。

例 2：批量刷新数据透视表

在使用数据透视表时，有时需要使用同一数据源创建出多种不同统计结果的数据透视表，或者一个工作簿中有多处使用不同数据创建的数据透视表，当数据源发生变化时，如果逐一去刷新每个数据透视表会很耗时，此时可以按如下方法批量刷新数据透视表。

选中任意一张数据透视表中的任意单元格，在"数据透视表工具→分析"选项卡的"数据"组中单击"刷新"按钮，在下拉菜单中选择"全部刷新"命令，如图 2-33 所示。

图 2-33

例 3：启动自动刷新数据透视表

通过数据透视表选项进行设置，可以实现在打开工作簿时就自动刷新数据透视表。

❶ 选中数据透视表，切换到"数据透视表工具→分析"选项卡的"数据透视表"组中，单击"选项"按钮，打开"数据透视表选项"对话框。

❷ 单击"数据"选项卡，勾选"打开文件时刷新数据"复选框，如图 2-34 所示，单击"确定"按钮，再次打开工作簿即可自动刷新数据透视表。

图 2-34

2.2.2 刷新数据透视表后的优化设置

刷新了数据透视表后可能出现各种问题，例如：刷新后列宽被更改、已删除的字段没有同步删除、刷新后字段丢失等。

例 1：刷新后仍然保持原数据透视表的格式

数据透视表建立完成后，我们会依据实际需要调整好列宽、设置字体格式、设置特殊区域的底纹等，但在执行刷新命令后，有时这些格式会自动消失，又自动恢复到默认状态。通过如下设置可以让数据透视表刷新后仍保持原格式。

❶ 在数据透视表内右击，在右键菜单中选择"数据透视表选项"命令，打开"数据透视表选项"对话框。

❷ 单击"布局和格式"选项卡，取消勾选"更新时自动调整列宽"复选框，勾选"更新时保留单元格格式"复选框，如图 2-35 所示。然后，单击"确定"按钮。

图 2-35

例 2：清除字段列表中已删除的字段

当数据透视表创建完成后，如果删除了数据源中的一些数据，刷新数据透视表后，删除的数据也从透视表中删除了，但是数据透视表字段列中仍然存在被删除的数据项。

例如，在本例中图 2-36 所示为原数据表，现在删除"网络安全部"数据后，刷新后，可以看到数据透视表不包含"网络安全部"项，如图 2-37 所示，但是字段的下拉列表中仍然显示，如图 2-38 所示。如果数据表经多次改动，这样的无用数据会越来越多，也影响表格数据的可读性。通过如下方法可以删除。

	A	B	C	D	E	F	G	H	I	J
1	编号	姓名	性别	出生日期	年龄	身份证号	所在部门	所属职位	入职时间	工龄
2	XL001	邹余洁	女	1975-04-10	43	342701197504106362	财务部	总监	2003/2/14	15
3	XL002	张瑞煊	男	1984-02-01	34	342301198402018576	企划部	员工	2005/3/1	13
4	XL003	杨佳丽	女	1987-02-13	31	342701198702138528	销售部	业务员	2012/3/1	6
5	XL004	李飞	男	1981-09-12	37	341226810912009	企划部	部门经理	2006/3/1	12
6	XL005	贝丽	女	1983-06-12	35	341270198306123241	网络安全部	员工	2009/4/5	9
7	XL006	苏维志	男	1981-03-14	37	3427018103314955	销售部	业务员	2006/4/14	12
8	XL007	李玲	女	1984-10-15	34	342526198410151583	网络安全部	部门经理	2006/4/14	12
9	XL008	侯艳纯	女	1983-08-15	35	342826830815206	行政部	员工	2013/1/28	5
10	XL009	徐涛	男	1981-09-12	37	341226810912001	销售部	部门经理	2009/2/2	9
11	XL010	彭丽	女	1971-04-15	47	341226197104152025	财务部	员工	2006/2/19	12
12	XL011	梅友春	男	1988-10-10	30	342826198810102082	销售部	业务员	2012/4/7	6
13	XL012	彦丹丹	女	1985-04-12	33	341226198504122041	企划部	员工	2005/2/20	13
14	XL013	唐小军	男	1976-03-21	42	342326760321201	销售部	业务员	2005/2/25	13
15	XL014	庄文芳	女	1972-10-15	46	341226197210152042	行政部	员工	2003/2/25	15
16	XL015	曾利	男	1981-05-06	37	341228810506203	网络安全部	员工	2001/8/26	17
17	XL016	刘媛媛	女	1968-02-28	50	342801680228112	销售部	业务员	2005/10/4	13
18	XL017	王占英	女	1986-12-03	32	342622198612038624	行政部	员工	2003/10/6	15

图 2-36

图 2-38

	A	B	C
1			
2			
3	行标签 ▾	平均值项:工龄	平均值项:年龄
4	销售部	9	37.36
5	财务部	13	42
6	行政部	10.5	38
7	企划部	12.5	35
8	总计	10.46	37.71

图 2-37

❶ 选中数据透视表中的任意单元格，切换到"数据透视表工具→分析"选项卡的"数据透视表"组中，单击"选项"按钮，打开"数据透视表选项"对话框。

❷ 单击"数据"选项卡，在"保留从数据源删除的项目"栏下单击"每个字段保留的项数"按钮，选择"无"选项，如图 2-39 所示。

❸ 单击"确定"按钮完成设置，在数据透视表的任意单元格中右击，在弹出的右键菜单中选择"刷新"命令，即可清除删除的项，如图 2-40 所示。

图 2-39

图 2-40

例 3：解决刷新后字段丢失问题

有时在刷新数据透视表后会发现有数据丢失的情况。例如，图 2-41 所示的数据透视表设置"金额"字段为"值"字段，当在数据表中将"金额"列标识更改为"销售金额"，刷新数据透视表时可以看到数据透视表中的数据丢失了，如图 2-42 所示。这是因为数据表中更改了已经被设置为"值"字段的字段名称，要解决这一问题，只要重新在字段列表中将字段再次拖动到"值"字段即可。

图 2-41

图 2-42

❶ 在"选择要添加到的报表的字段"列表中，右击"销售金额"字段，在右键菜单中选择"添加到值"命令，如图 2-43 所示。

❷ 添加后可以看到数据透视表重新得到统计数据，如图 2-44 所示。

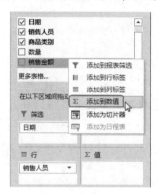

图 2-43

图 2-44

2.3 数据透视表样式应用

建立数据透视表后，可以对边框底纹等格式进行优化设置，可以根据数据及个人要求进行设置，也可以直接套用 Excel 自带的透视表样式。如果对已有样式不满意，可以自行创建样式，还可以对原有样式进行优化设置等。

2.3.1 设置数据透视表边框及文字格式

创建数据透视表后，可以依据需要对其边框及文字格式进行简单的设置。

例1：设置数据透视表的边框

创建默认数据透视表后，可以像设置表格格式一样为数据透视表添加边框，以达到美化的效果。

❶ 选中数据透视表中的任意单元格，在"数据透视表工具→分析"选项卡的"操作"组中单击"选择"按钮，在下拉列表中选择"整个数据透视表"命令，如图2-45所示，选中整个数据透视表。

图 2-45

❷ 在数据透视表右击，在右键菜单中选择"设置单元格格式"命令，如图2-46所示。

❸ 打开"设置单元格格式"对话框，单击"边框"选项卡，根据需要设置边框的样式和颜色，设置线条格式后单击"内部"应用为内部边框线，如图2-47所示。

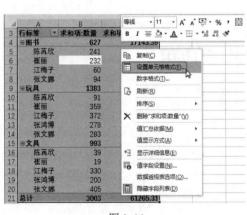

图 2-46

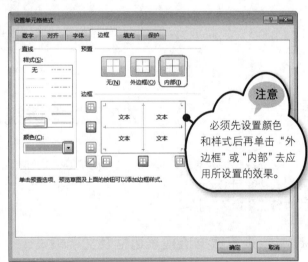

图 2-47

注意

必须先设置颜色和样式后再单击"外边框"或"内部"去应用所设置的效果。

❹ 接着再设置线条的样式和颜色，单击"外边框"应用为外部边框线，如图 2-48 所示。

❺ 设置完成后单击"确定"按钮，表格的边框效果如图 2-49 所示。

图 2-48

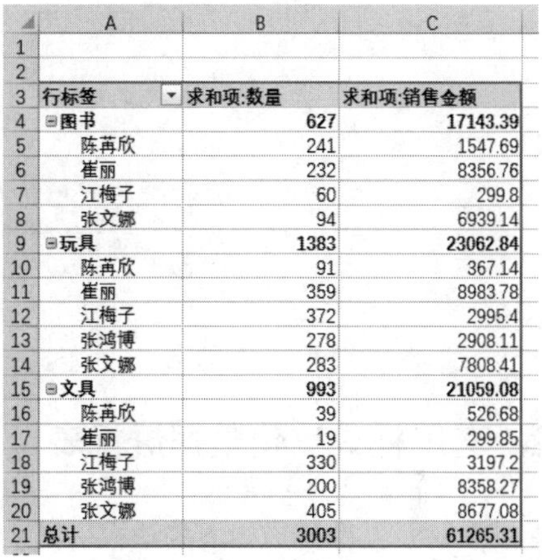

图 2-49

例 2：设置数据透视表文字格式

创建默认数据透视表后，无论是中文字体还是西文字体，默认都是 11 号宋体字，可以根据实际需要重新设置字体来美化报表。

❶ 选中整个数据透视表，在"开始"选项卡的"字体"组中，可以通过"字体"框的下拉列表重新选择字体，通过"字号"框的下拉列表重新设置字号，如图 2-50 所示。

❷ 如果只想设置某一特定区域，则只选中这个区域，如选中行标题，单击"字体颜色"功能按钮，在下拉列表中可选择设置文字颜色，如图 2-51 所示。

图 2-50

图 2-51

扩展
光标放在颜色上面时，选中区域的文本会立即预览。

❸ 通过文字格式设置，达到了美化数据透视表的目的，如图 2-52 所示。

图 2-52

2.3.2 套用样式美化数据透视表

除了手动设置数据透视表的边框、文字格式等进行报表美化外，程序中还内置了多种数据透视表样式，这些样式可以通过一键套用来实现快速美化。

例 1：套用数据透视表样式一键美化数据透视表

程序内置了很多种数据透视表样式，通过套用数据透视表样式可以达到快速美化的目的。图 2-53 所示为默认的数据透视表，现在通过如下设置快速美化。

❶ 选中数据透视表的任意单元格，在"数据透视表工具→设计"选项卡的"数据透视表样式"组中单击"其他"按钮▼，展开下拉列表，如图 2-53 所示。

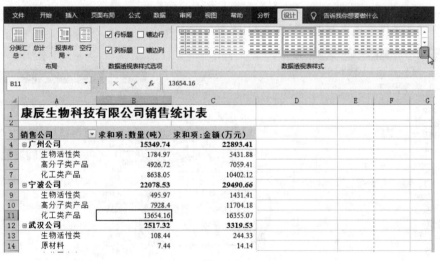

图 2-53

❷ 在样式列表中查询需要的样式，鼠标指向需要的样式时即时预览，如图 2-54 所示，单击即可应用，图 2-55 所示为应用样式后的效果。

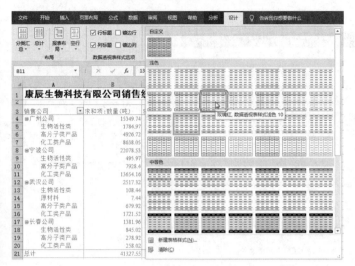

A	B	C
康辰生物科技有限公司销售统计表		
销售公司	求和项:数量(吨)	求和项:金额(万元)
广州公司	15349.74	22893.41
生物活性类	1784.97	5431.88
高分子类产品	4926.72	7059.41
化工类产品	8638.05	10402.12
宁波公司	22078.53	29490.66
生物活性类	495.97	1431.41
高分子类产品	7928.4	11704.18
化工类产品	13654.16	16355.07
武汉公司	2517.32	3319.53
生物活性类	108.44	244.33
原材料	7.44	14.14
高分子类产品	679.92	956.00
化工类产品	1721.52	2105.05
长春公司	1381.96	3222.96
生物活性类	845.02	2485.00
高分子类产品	278.92	405.26
化工类产品	258.02	332.70
总计	41327.55	58926.56

图 2-54　　　　　　　　　　　　　　　　　　图 2-55

例 2：应用样式删除原格式

如果在应用样式前已经设置了部分格式，那么直接单击应用内置样式，此时会保留原有格式。例如在图 2-56 所示的数据透视表中，之前设置标题行的字体颜色，再应用样式会出现效果不协调的情况，如图 2-57 所示。如果遇到这一情况，可以在应用样式时执行"应用并删除格式"命令。

A	B	C
康辰生物科技有限公司销售统计表		
销售公司	求和项:数量(吨)	求和项:金额(万元)
广州公司	15349.74	22893.41
生物活性类	1784.97	5431.88
高分子类产品	4926.72	7059.41
化工类产品	8638.05	10402.12
宁波公司	22078.53	29490.66
生物活性类	495.97	1431.41
高分子类产品	7928.4	11704.18
化工类产品	13654.16	16355.07
武汉公司	2517.32	3319.53
生物活性类	108.44	244.33
原材料	7.44	14.14
高分子类产品	679.92	956.00
化工类产品	1721.52	2105.05
长春公司	1381.96	3222.96
生物活性类	845.02	2485.00
高分子类产品	278.92	405.26
化工类产品	258.02	332.70
总计	41327.55	58926.56

A	B	C
康辰生物科技有限公司销售统计表		
销售公司	求和项:数量(吨)	求和项:金额(万元)
广州公司	15349.74	22893.41
生物活性类	1784.97	5431.88
高分子类产品	4926.72	7059.41
化工类产品	8638.05	10402.12
宁波公司	22078.53	29490.66
生物活性类	495.97	1431.41
高分子类产品	7928.4	11704.18
化工类产品	13654.16	16355.07
武汉公司	2517.32	3319.53
生物活性类	108.44	244.33
原材料	7.44	14.14
高分子类产品	679.92	956.00
化工类产品	1721.52	2105.05
长春公司	1381.96	3222.96
生物活性类	845.02	2485.00
高分子类产品	278.92	405.26
化工类产品	258.02	332.70
总计	41327.55	58926.56

图 2-56　　　　　　　　　　　　　　　　　　图 2-57

❶ 选中数据透视表中的任意单元格，在"数据透视表工具→设计"选项卡的"数据透视表样式"组中单击"其他"按钮 ，展开下拉列表。确定要使用的样式后，在样式上右击，在弹出的菜单中选择"应用并清除格式"命令，如图 2-58 所示。

扩展

Excel 预设的样式较多，基本可以满足需求，建议用户直接套用样式美化。

图 2-58

❷ 执行上述操作后，可以看到数据透视表删除了原有格式并应用了指定样式，如图 2-59 所示。

图 2-59

2.3.3 创建数据透视表样式

内置的数据透视表有很多，但是，如果这些样式都无法满足需求，也可以自定义样式，还可以在内置样式的基础上修改个别元素的格式。

例1：自定义数据透视表样式

虽然 Excel 程序提供了多种默认样式可供选择，但是，如果追求完美，用户还可以自定义数据透视表的样式。具体操作方法如下。

❶ 选中数据透视表的任意单元格，在"数据透视表工具→设计"选项卡的"数据透视表样式"组中单击"其他"按钮▼，在展开的下拉列表中选择"新建数据透视表样式"命令，如图 2-60 所示。

❷ 打开"新建数据透视表样式"对话框，在"名称"框中可以为自定义样式定义新名称，在"表元素"列表中选中"整个表"，单击"格式"按钮，如图 2-61 所示。

> **扩展**
>
> 需要对透视表的任何部分进行设置都可以先在列表里选中元素，再单击"格式"按钮设置。

图 2-60　　　　　　　　　　　　　　　图 2-61

❸ 打开"设置单元格格式"对话框，单击"边框"选项卡，设置边框线条为"橄榄色"，外框使用粗线条，内框使用细线条，如图 2-62 所示。

❹ 单击"填充"选项卡，将"背景色"设置为"橄榄色，淡色"，如图 2-63 所示。

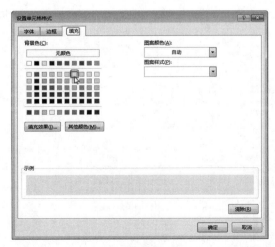

图 2-62　　　　　　　　　　　　　　　图 2-63

❺ 单击"确定"按钮返回到"新建数据透视表样式"对话框，在"表元素"列中选中"分类汇总行 1"，单击"格式"按钮，如图 2-64 所示。

❻ 打开"设置单元格格式"对话框，单击"填充"选项卡，将"背景色"设置为"橄榄色"，如图 2-65 所示。

图 2-64   图 2-65

❼ 依次单击"确定"按钮返回到工作表中，在展开的"数据透视表样式"库中可以看到在"自定义"库中已经出现了自定义的数据透视表样式，如图 2-66 所示。单击此样式，数据透视表就会应用这个自定义的样式，如图 2-67 所示。

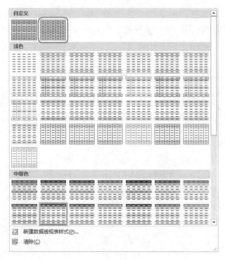

图 2-66   图 2-67

例2：修改样式中个别元素的格式

如果对于表格样式中的表元素的格式不满意，可以将其删除，或是重新进行设置。

❶ 选中数据透视表中的任意单元格，在"数据透视表工具→设计"选项卡的"数据透视表样式"组中单击"其他"按钮，在"自定义"组中右键单击需要修改的样式，在弹出的菜单中选择"修改"命令，如图2-68所示。

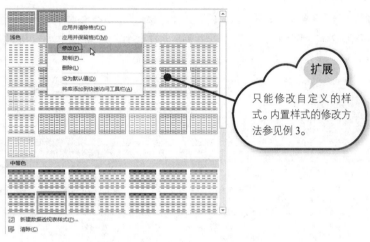

> 扩展
> 只能修改自定义的样式。内置样式的修改方法参见例3。

图 2-68

❷ 弹出"修改数据透视表样式"对话框，在"表元素"列表中选中要修改的表元素后（如图2-69所示），单击"格式"按钮，打开"设置单元格格式"对话框重新设置即可，如图2-70所示。

图 2-69

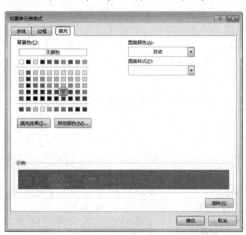

图 2-70

例3：在内置样式基础上修改样式

如果不满意新建样式，也可以在内置样式的基础上对样式进行修改。其操作是先复制内容样式，然后再对样式进行修改，从而形成自己的样式。

❶ 选中数据透视表中的任意单元格，在"数据透视表工具→设计"选项卡的"数据透视表样式"组中单击"其他"按钮 ，在展开的下拉列表中右击某个目标样式，在弹出的菜单中选择"复制"命令，如图 2-71 所示。

❷ 弹出"修改数据透视表样式"对话框，在"表元素"列表中可以选择元素，然后单击"格式"按钮，如图 2-72 所示。在打开的"设置单元格格式"对话框中进行格式设置（设置方法与本小节例 2 中的操作一样）。

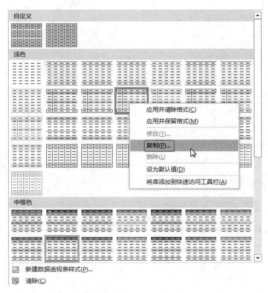

图 2-71

默认的内置样式无法直接修改，需要先执行"复制"操作，然后再进行修改，原样式依然保留。

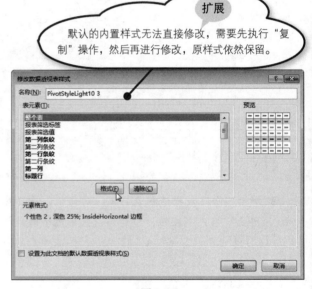

图 2-72

2.3.4 数据透视表样式的优化设置

如果经常使用某一个样式，可以将其设置为透视表的默认样式。另外，还可以将数据透视表的样式列表添加到快速访问工具栏中，从而便于快速套用。

例1：指定样式为新建数据透视表时的默认样式

如果感觉样式库中或自定义的某个样式效果很好，可以将其设置为默认样式，这样每次新建的数据透视表都会默认使用这个样式。

选中数据透视表中的任意单元格，在"数据透视表工具→设计"选项卡的"数据透视表样式"组中单击"其他"按钮，在展开的下拉列表中找到需要设置为默认样式的样式，右击，在弹出的菜单中选择"设为默认值"命令即可，如图 2-73 所示。

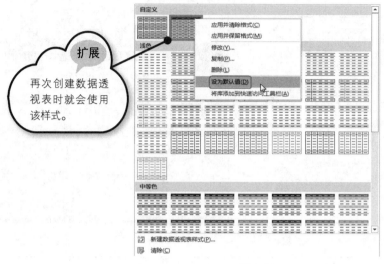

图 2-73

例 2：将"数据透视表样式"库添加到快速访问工具栏

"数据透视表样式"可以快速美化数据透视表，因此经常被使用。为了更加方便地使用此功能，可以将其添加到快速访问工具栏。

❶ 选中数据透视表中的任意单元格，在"数据透视表工具→设计"选项卡的"数据透视表样式"组中右键单击任意样式，在弹出的菜单中选择"将库添加到快速访问工具栏"命令，如图 2-74 所示。

图 2-74

❷ 执行上述操作后，可以看到快速访问工具栏中显示了该按钮的快捷访问图标（单击就可以展开列表），如图 2-75 所示。

❸ 如果不再需要此按钮，则在此按钮上右击，在弹出的菜单中选择"从快速访问工具栏删除"命令即可，如图 2-76 所示。

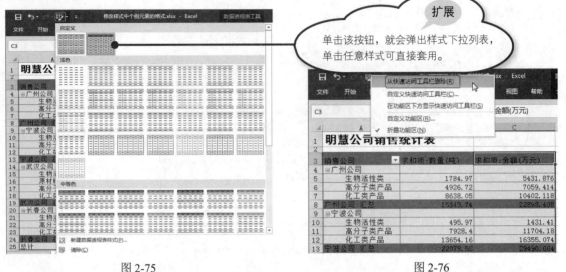

扩展

单击该按钮，就会弹出样式下拉列表，单击任意样式可直接套用。

| 图 2-75 | 图 2-76 |

例 3：删除自定义样式

如果对设置的自定义样式不满意，可以将其删除。

❶ 在"数据透视表样式"库的"自定义"组中右键单击需要删除的样式，在弹出的菜单中选择"删除"命令，如图 2-77 所示。

❷ 此时会弹出图 2-78 所示的提示框，单击"确定"按钮即可删除样式。

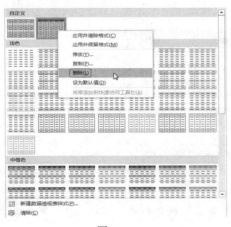

扩展

删除样式要慎重，如果不想删除了，单击"取消"按钮即可。

| 图 2-77 | 图 2-78 |

2.4　打印数据透视表

有些数据透视表在制作完成后需要打印出来作为统计报表使用，针对待打印的数据透视表，有些操作要点需要掌握。

2.4.1　按要求打印

很多数据透视表的数据量庞大，不需要全部打印出来，此时就可以按下面的方法进行设置，实现按字段分项打印或者设置筛选字段的分项打印。

例1：实现按字段分项打印（如打印每位销售员的销售报表）

用户可以根据需要对数据透视表中的某一字段分项打印。例如图 2-79 所示的数据透视表，要实现的打印效果是，让每位销售员的销售数据打印在不同页中，从而生成各销售员的专项报表，其实现操作如下。

---

❶ 打开数据透视表，选中"姓名"字段中的任意一个项，右击，在弹出的菜单中选择"字段设置"命令，如图 2-80 所示。

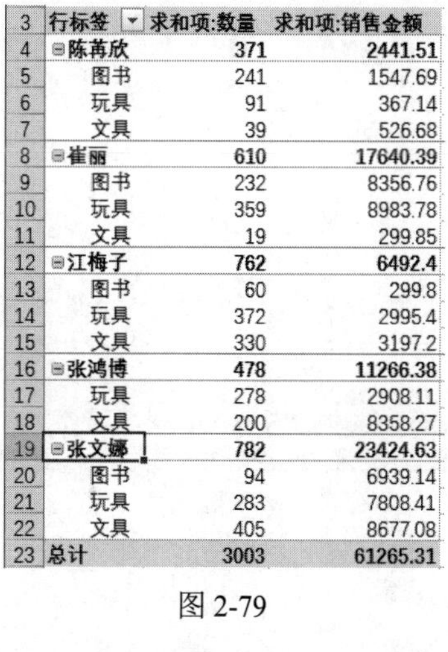

行标签	求和项:数量	求和项:销售金额
⊟陈苪欣	371	2441.51
图书	241	1547.69
玩具	91	367.14
文具	39	526.68
⊟崔丽	610	17640.39
图书	232	8356.76
玩具	359	8983.78
文具	19	299.85
⊟江梅子	762	6492.4
图书	60	299.8
玩具	372	2995.4
文具	330	3197.2
⊟张鸿博	478	11266.38
图书	278	2908.11
文具	200	8358.27
⊟张文娜	782	23424.63
图书	94	6939.14
玩具	283	7808.41
文具	405	8677.08
总计	3003	61265.31

图 2-79　　　　　　　　　图 2-80

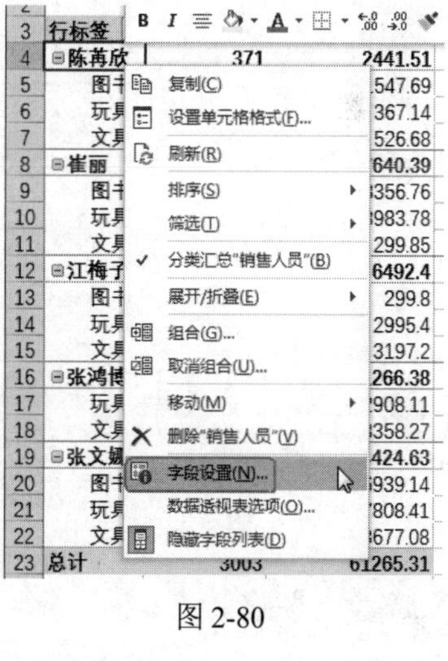

❷ 打开"字段设置"对话框，单击"布局和打印"选项卡，勾选"每项后面插入分页符"复选框，如图 2-81 所示。

❸ 单击"确定"按钮即可分页打印每一位销售人员的销售记录，如图 2-82~图 2-84 所示。

图 2-81

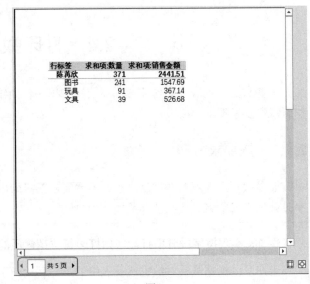

图 2-82

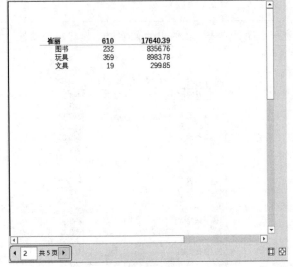

图 2-83

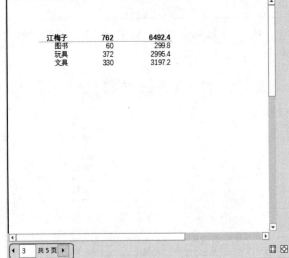

图 2-84

经 验 之 谈

　　在进行分项打印每位销售员的销售报表时，每个销售员的销售数据不能折叠；否则，无法打印出明细数据。如图 2-85 和图 2-86 所示，"张鸿博"和"张文娜"被折叠，打印预览中明细数据也被折叠。

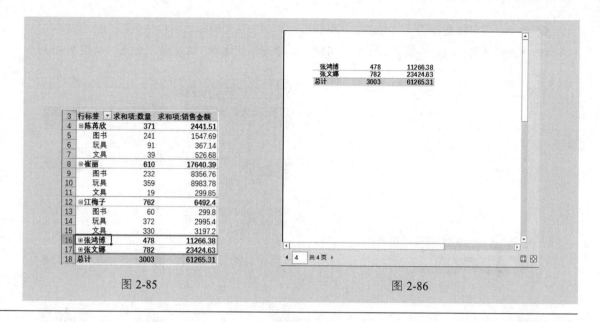

图 2-85   图 2-86

例 2：设置筛选字段的分项打印（如按年份分页打印报表）

利用数据透视表中"显示报表筛选页"的功能可以实现将筛选字段中各个项的统计结果分页打印出来。例如本例中设置了"年份"字段为筛选字段，在图 2-87 中可以看到包含多个年份，现在要实现分页打印出三个年份所有子公司的统计结果。

❶ 选中数据透视表中的任意单元格，在"数据透视表工具→分析"选项卡的"数据透视表"组中单击"选项"按钮，在弹出的下拉菜单中选择"显示报表筛选页"命令，如图 2-88 所示。

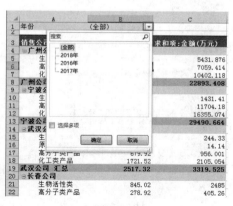

图 2-87

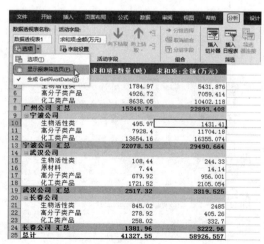

图 2-88

❷ 打开"显示报表筛选页"对话框，默认已经显示了设置的筛选字段，如图 2-89 所示。

❸ 单击"确定"按钮，报表以三个不同地区名称为标签建立了三张新工作表，如图 2-90 所示。

图 2-89

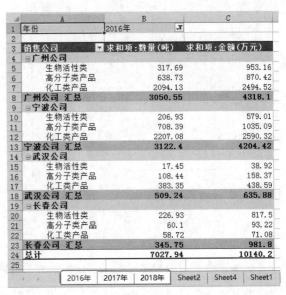

图 2-90

❹ 在"2016 年"标签上单击鼠标，按住 Shift 键不放，在"2018 年"标签上单击一次，则将三张工作表同时选中。单击"文件"选项卡的"打印"选项，在打印预览状态下可以看到同时分页打印三个地区报表，如图 2-91~图 2-93 所示。

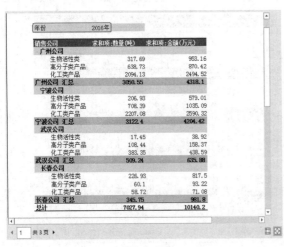

图 2-91

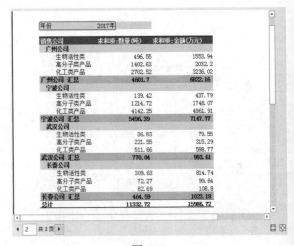

图 2-92

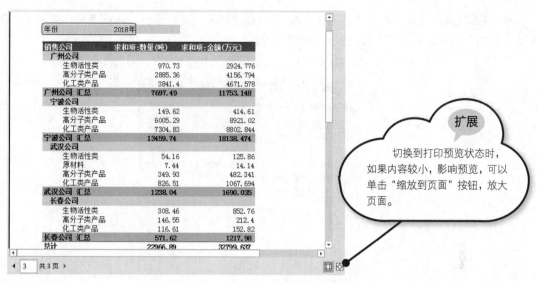

图 2-93

2.4.2　打印设置

当数据透视表数据较多时，超出一页的部分会没有表格名称和标题行，需要按下面的操作进行设置，实现每页都有标题行或者表头。

例 1：设置重复打印标题行

在打印时，通常只有第 1 页有标题行，如图 2-94 所示，从第 2 页就没有标题行，如图 2-95 所示。这样不仅不美观，更重要的是不方便多页报表的查看。

行标签	求和项:数量	求和项:销售金额
陈芮欣	371	2441.51
图书	241	1547.69
2018/1/18	60	539.8
2018/3/28	28	639.72
2018/4/23	60	299.8
2018/4/18	93	68.37
玩具	91	367.14
2018/2/8	62	309.38
2018/2/12	29	57.76
文具	39	526.68
2018/3/18	28	256.72
2018/1/20	11	269.96

图 2-94

崔丽	610	17640.39
图书	232	8356.76
2018/1/26	27	539.73
2018/3/5	96	879.08
2018/3/22	98	6879.06
2018/3/27	11	58.89
玩具	359	8983.78
2018/4/22	32	63.68
2018/1/13	90	999.5
2018/1/14	87	6305
2018/2/1	12	250
2018/2/15	39	678.65
2018/3/21	99	686.95
文具	19	299.85
2018/3/21	19	299.85

图 2-95

❶ 单击数据透视表中的任意单元格，在 "数据透视表工具→分析"选项卡的"数据透视表"组中单击"选项"按钮，打开"数据透视表选项"对话框。

❷ 单击"打印"选项卡，在"打印"栏下勾选"设置打印标题"，如图2-96所示。

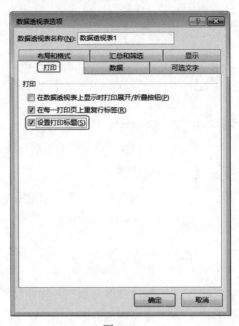

图 2-96

❸ 单击"确定"按钮完成设置。单击"文件"选项卡的"打印"选项，在打印预览中可以看到每一页都包含标题行，如图 2-97 和图 2-98 所示。

行标签	求和项:数量	求和项:销售金额
崔丽	610	17640.39
图书	232	8356.76
2018/1/26	27	539.73
2018/3/5	96	879.08
2018/3/22	98	6879.06
2018/3/27	11	58.89
玩具	359	8983.78
2018/4/22	32	63.68
2018/1/13	90	999.5
2018/1/14	87	6305
2018/2/1	12	250
2018/2/15	39	678.65
2018/3/21	99	686.95
文具	19	299.85
2018/3/21	19	299.85

图 2-97

行标签	求和项:数量	求和项:销售金额
江梅子	762	6492.4
图书	60	299.8
2018/4/22	60	299.8
玩具	372	2995.4
2018/3/27	67	86.83
2018/2/1	60	299.8
2018/2/7	17	639.93
2018/3/8	76	656.28
2018/4/24	76	656.28
2018/4/25	76	656.28
文具	330	3197.2
2018/4/31	80	769.2
2018/1/25	90	889.6
2018/4/26	80	769.2
2018/4/27	80	769.2

图 2-98

例 2：设置重复打印表头

如果除了数据透视表外还添加了其他表头信息，那么即使按上一知识点的操作启用“设置打印标题”，在实际打印时还是只有第 1 页中包含表头文字，如图 2-99 所示，后面的页只有标题行，却并没有表头文字，如图 2-100 所示。要解决这一问题可以按如下方法操作。

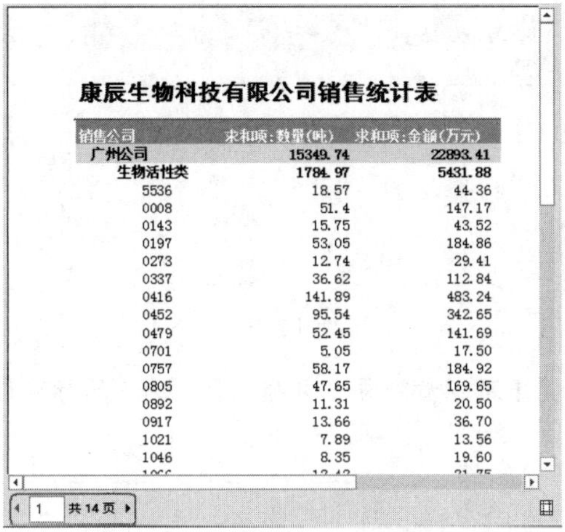

康辰生物科技有限公司销售统计表

销售公司	求和项:数量(吨)	求和项:金额(万元)
广州公司	15349.74	22893.41
生物活性类	1784.97	5431.88
5536	18.57	44.36
0008	51.4	147.17
0143	15.75	43.52
0197	53.05	184.86
0273	12.74	29.41
0337	36.62	112.84
0416	141.89	483.24
0452	95.54	342.65
0479	52.45	141.69
0701	5.05	17.50
0757	58.17	184.92
0805	47.65	169.65
0892	11.31	20.50
0917	13.66	36.70
1021	7.89	13.56
1046	8.35	19.60

图 2-99

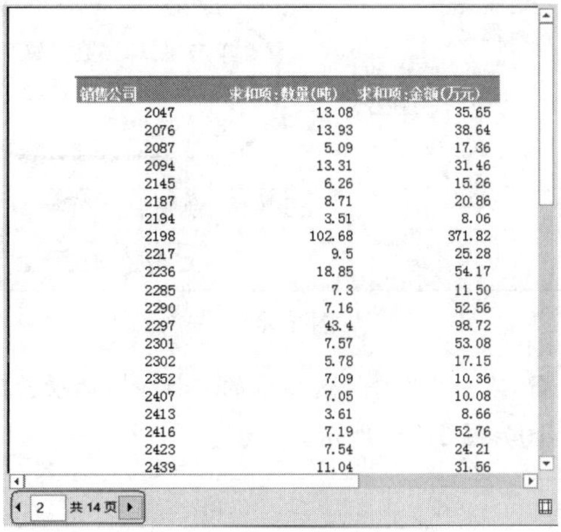

销售公司	求和项:数量(吨)	求和项:金额(万元)
2047	13.08	35.65
2076	13.93	38.64
2087	5.09	17.36
2094	13.31	31.46
2145	6.26	15.26
2187	8.71	20.86
2194	3.51	8.06
2198	102.68	371.82
2217	9.5	25.28
2236	18.85	54.17
2285	7.3	11.50
2290	7.16	52.56
2297	43.4	98.72
2301	7.57	53.08
2302	5.78	17.15
2352	7.09	10.36
2407	7.05	10.08
2413	3.61	8.66
2416	7.19	52.76
2423	7.54	24.21
2439	11.04	31.56

图 2-100

❶ 数据透视表创建完成后，进入“页面布局”选项卡的“页面设置”组中，单击“打印标题”按钮（如图 2-101 所示），打开“页面设置”对话框，如图 2-102 所示。

	A	B	C
1	康辰生物科技有限公司销售统计表		
2			
3	销售公司	求和项:数量(吨)	求和项:金额(万元)
4	广州公司	15349.74	22893.41
5	生物活性类	1784.97	5431.88
6	5536	18.57	44.36
7	0008	51.4	147.17
8	0143	15.75	43.52

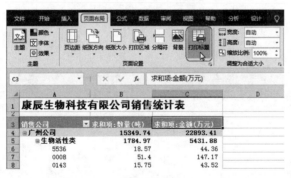

图 2-101

❷ 单击“顶端标题行”右侧的拾取器按钮到工作表中选择需要作为表头在每页都显示的单元格区域，如图 2-103 所示。

❸ 选择后单击拾取器回到“页面设置”对话框中，单击“确定”按钮完成设置。

图 2-102   图 2-103

❹ 单击"文件"选项卡的"打印"选项，在打印预览中可以看到每一页都包含所选中的标题行，如图 2-104~图 2-106 所示。

图 2-104   图 2-105   图 2-106

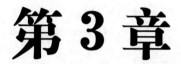

第 3 章

数据透视表数字格式及
条件格式

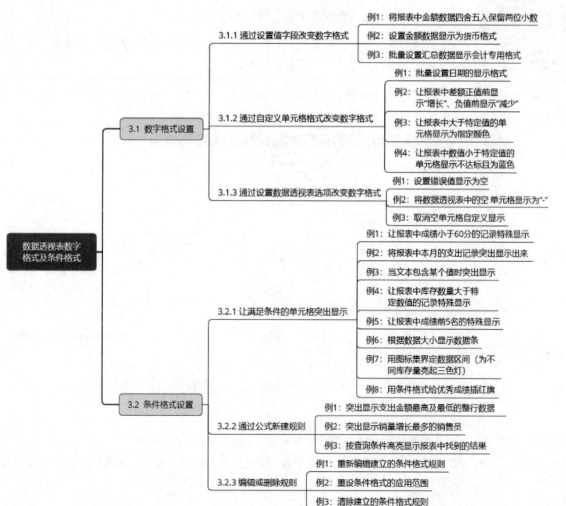

数据透视表数字
格式及条件格式

3.1 数字格式设置

    3.1.1 通过设置值字段改变数字格式
- 例1：将报表中金额数据四舍五入保留两位小数
- 例2：设置金额数据显示为货币格式
- 例3：批量设置汇总数据显示会计专用格式

    3.1.2 通过自定义单元格格式改变数字格式
- 例1：批量设置日期的显示格式
- 例2：让报表中差额正值前显示"增长"、负值前显示"减少"
- 例3：让报表中大于特定值的单元格显示为指定颜色
- 例4：让报表中数值小于特定值的单元格显示不达标目为蓝色

    3.1.3 通过设置数据透视表选项改变数字格式
- 例1：设置错误值显示为空
- 例2：将数据透视表中的空单元格显示为"-"
- 例3：取消空单元格自定义显示

3.2 条件格式设置

    3.2.1 让满足条件的单元格突出显示
- 例1：让报表中成绩小于60分的记录特殊显示
- 例2：将报表中本月的支出记录突出显示出来
- 例3：当文本包含某个值时突出显示
- 例4：让报表中库存数量大于特定数值的记录特殊显示
- 例5：让报表中成绩前5名的特殊显示
- 例6：根据数据大小显示数据条
- 例7：用图标集界定数据区间（为不同库存量亮起三色灯）
- 例8：用条件格式给优秀成绩插红旗

    3.2.2 通过公式新建规则
- 例1：突出显示支出金额最高及最低的整行数据
- 例2：突出显示销量增长最多的销售员
- 例3：按查询条件高亮显示报表中找到的结果

    3.2.3 编辑或删除规则
- 例1：重新编辑建立的条件格式规则
- 例2：重设条件格式的应用范围
- 例3：清除建立的条件格式规则

3.1　数字格式设置

实际工作对数字格式有具体要求，但是默认情况下，数据透视表分析结果的数字格式比较简单，不一定能符合要求，本节将使用实例介绍如何将数据设置成符合要求的格式。例如，设置让数值四舍五入、显示为货币格式、会计专用格式等。

3.1.1　通过设置值字段改变数字格式

财务数据的统计报表中经常需要将数据设置成专业的会计专用格式，例如将金额数据四舍五入保留两位小数、显示为货币格式，这些都可以通过设置值字段实现。

例 1：将报表中金额数据四舍五入保留两位小数

对于数据透视表中的金额数据，默认是按源数据表的金额计算得出实际值。按实际需要，可以将金额数据四舍五入保留两位小数。

❶ 选中数据透视表中的任意单元格，在"值"区域中单击"金额"字段右侧的下拉按钮，在弹出的菜单中选择"值字段设置"命令，如图 3-1 所示。

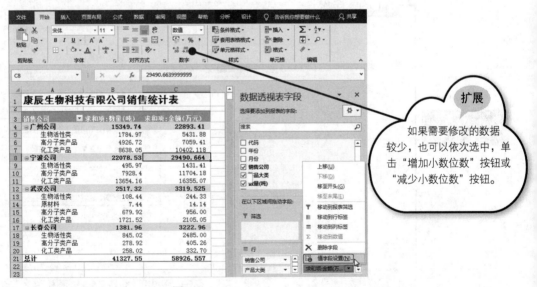

图 3-1

❷ 打开"值字段设置"对话框，单击"数字格式"按钮，如图 3-2 所示。

❸ 打开"设置单元格格式"对话框，在左侧的"分类"栏下选择"数值"选项，在右侧设置小数位

数为 2，如图 3-3 所示。

图 3-2

图 3-3

❹ 依次单击"确定"按钮，可以看到数据透视表中金额数据都显示为两位小数，如图 3-4 所示。

	A	B	C	D
1	康辰生物科技有限公司销售统计表			
2				
3	销售公司	求和项:数量(吨)	求和项:金额(万元)	
4	⊟ 广州公司	15349.74	22893.41	
5	生物活性类	1784.97	5431.88	
6	高分子类产品	4926.72	7059.41	
7	化工类产品	8638.05	10402.12	
8	⊟ 宁波公司	22078.53	29490.66	
9	生物活性类	495.97	1431.41	
10	高分子类产品	7928.40	11704.18	
11	化工类产品	13654.16	16355.07	
12	⊟ 武汉公司	2517.32	3319.53	
13	生物活性类	108.44	244.33	
14	原材料	7.44	14.14	
15	高分子类产品	679.92	956.00	
16	化工类产品	1721.52	2105.05	
17	⊟ 长春公司	1381.96	3222.96	
18	生物活性类	845.02	2485.00	
19	高分子类产品	278.92	405.26	
20	化工类产品	258.02	332.70	
21	总计	41327.55	58926.56	

图 3-4

例 2：设置金额数据显示为货币格式

为了规范显示数据透视表中的金额数据，可以设置让金额数据显示为货币格式。

❶ 选中数据透视表中的任意单元格，在"值"区域中单击"金额"字段右侧的下拉按钮，在弹出的菜单中选择"值字段设置"命令，如图 3-5 所示。

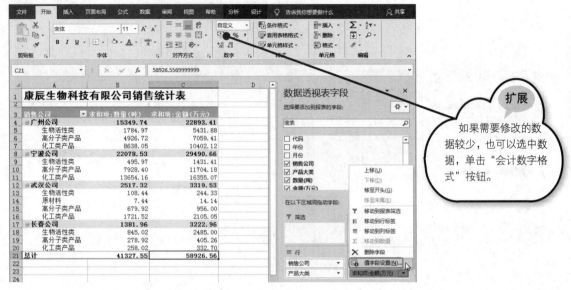

图 3-5

❷ 打开"值字段设置"对话框，单击"数字格式"按钮。

❸ 打开"设置单元格格式"对话框，从"分类"列表框中选中"货币"，在右侧设置小数位数与货币符号等，如图 3-6 所示。

❹ 依次单击"确定"按钮，可以看到数据透视表中金额数据的显示格式，如图 3-7 所示。

图 3-6

	A	B	C
1	康辰生物科技有限公司销售统计表		
2			
3	销售公司	求和项:数量(吨)	求和项:金额(万元)
4	⊟广州公司	15349.74	¥22,893.41
5	生物活性类	1784.97	¥5,431.88
6	高分子类产品	4926.72	¥7,059.41
7	化工类产品	8638.05	¥10,402.12
8	⊟宁波公司	22078.53	¥29,490.66
9	生物活性类	495.97	¥1,431.41
10	高分子类产品	7928.40	¥11,704.18
11	化工类产品	13654.16	¥16,355.07
12	⊟武汉公司	2517.32	¥3,319.53
13	生物活性类	108.44	¥244.33
14	原材料	7.44	¥14.14
15	高分子类产品	679.92	¥956.00
16	化工类产品	1721.52	¥2,105.05
17	⊟长春公司	1381.96	¥3,222.96
18	生物活性类	845.02	¥2,485.00
19	高分子类产品	278.92	¥405.26
20	化工类产品	258.02	¥332.70
21	总计	41327.55	¥58,926.56

图 3-7

例 3：批量设置汇总数据显示会计专用格式

　　要实现批量设置汇总数据的数字格式，需要在设置前准确选中对象。具体操作方法如下。

　　❶ 在数据透视表中。鼠标指针移至任意汇总行的左侧，待光标变为向右箭头时，如图 3-8 所示，单击鼠标即可选中所有汇总行。在"开始"选项卡的"数字"组中单击右下角按钮，如图 3-9 所示。

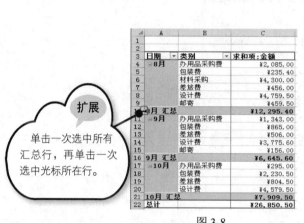

> **扩展**
> 单击一次选中所有汇总行，再单击一次选中光标所在行。

图 3-8

图 3-9

　　❷ 打开"设置单元格格式"对话框，从"分类"列表框中选中"会计专用"，在右侧设置小数位数与选择货币符号，如图 3-10 所示。

　　❸ 切换至"填充"选项卡，设置以填充颜色为"橙色"，如图 3-11 所示。

图 3-10

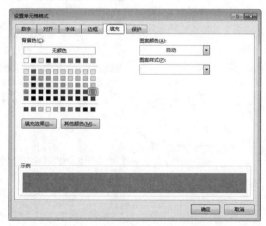

图 3-11

❹ 依次单击“确定”按钮，可以看到数据透视表中汇总项数据以会计专用格式显示且突出显示为橙色底纹，如图 3-12 所示。

3	日期	类别	求和项：金额
4	⊟8月	办用品采购费	2085
5		包装费	235.4
6		材料采购	4300
7		差旅费	456
8		设计费	4759.5
9		邮寄	459.5
10	8月 汇总		¥ 12,295.40
11	⊟9月	办用品采购费	1343
12		包装费	865
13		差旅费	506
14		设计费	3775.6
15		邮寄	156
16	9月 汇总		¥ 6,645.60
17	⊟10月	办用品采购费	295
18		包装费	2230.5
19		差旅费	804.5
20		设计费	4579.5
21	10月 汇总		¥ 7,909.50
22	总计		26850.5

图 3-12

3.1.2 通过自定义单元格格式改变数字格式

在上一小节中讲解了重新设置数据透视表中数字的格式，当需要的格式没有可选择的选项时，可以使用“自定义格式”选项。下面通过实例进行讲解。

例 1：批量设置日期的显示格式

当前数据透视表统计结果如图 3-13 所示，现在希望将日期显示为“-年-月-日”的样式。其操作方法如下。

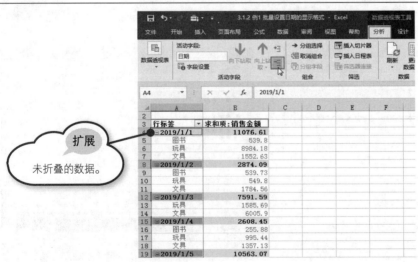

图 3-13

❶ 选中"日期"字段下的任意项，在"数据透视表工具→分析"选项卡的"活动字段"组中单击"折叠整个字段"按钮。折叠的目的在于将日期数据集中显示。

❷ 鼠标指针移至日期项单元格的顶部，当出现向下的箭头时，单击鼠标即可选中所有日期项。在"开始"选项卡的"数字"组中单击右下角按钮，如图3-14所示。

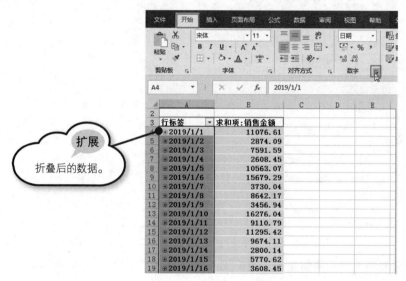

图 3-14

❸ 打开"设置单元格格式"对话框，从"分类"列表框中选中"自定义"，在右侧"类型"文本框中输入"d"日""，如图3-15所示。

❹ 单击"确定"按钮，可以看到数据透视表中的日期显示格式，如图3-16所示。

图 3-15

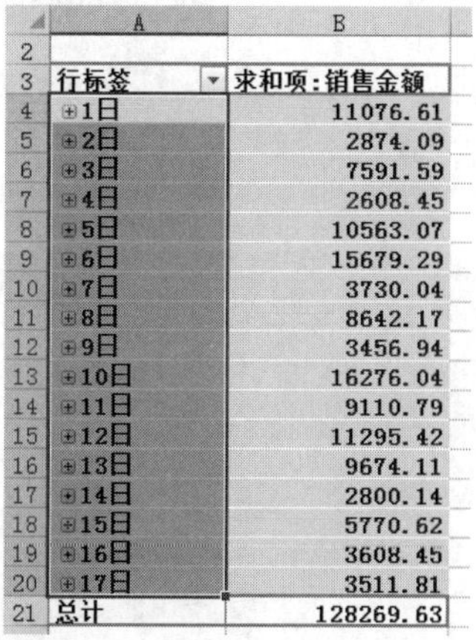

图 3-16

❺ 在"数据透视表工具→分析"选项卡的"活动字段"组中单击"展开整个字段"按钮，重新展开数据透视表，效果如图 3-17 所示。

图 3-17

例 2：让报表中差额正值前显示"增长"、负值前显示"减少"

创建数据透视表后，可以设置让正值与负值前分别显示不同的文字，如正值前显示"增长"、负值前显示"减少"。

❶ 在目标数据透视表中，选中"差额"下全部单元格，在"开始"选项卡的"数字"组中单击右下角按钮，如图 3-18 所示。

图 3-18

❷ 打开"设置单元格格式"对话框，单击左侧"分类"列表框的"自定义"选项，在右侧"类型"文本框中输入""增长"0.00 ;"减少"0.00"，如图 3-19 所示。

❸ 单击"确定"按钮，完成自定义单元格格式设置。此时看到数据透视表中差额值正值前显示"增长"、负值前显示"减少"，如图 3-20 所示。

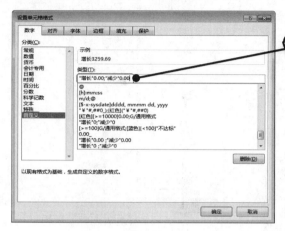

扩展

按实际需要自定义设置，如果数据包含小数位，可使用"0.00"（表示两位小数）代替 0。

	A	B	C	D
1				
2				
3	求和项:支出金额	列标签		
4	费用类别	1	2	差额
5	餐饮费	1830.98	5090.67	增长3259.69
6	差旅费	2096.07	3912	增长1815.93
7	福利品采购费	5400	1800	减少3600.00
8	会务费	2800	7900	增长5100.00
9	交通费	1200	2832	增长1632.00
10	其他		1858.19	增长1858.19
11	通讯费	2920	4106.82	增长1186.82
12	外加工费	5200.79	5000	减少200.79
13	业务拓展费	4180.64	10000	增长5819.36
14	运输费	1280	3480	增长2200.00
15	招聘培训费	1050	500	减少550.00
16	培训教材采购费	1929.41	2554	增长624.59
17	总计	29887.89	49033.68	增长19145.79

图 3-19   图 3-20

例 3：让报表中大于特定值的单元格显示为指定颜色

创建数据透视表后，可以设置让大于特定值的单元格显示为指定颜色。如本例中要求让销售金额大于 10000 元的显示为红色字体。

❶ 在目标数据透视表中，选中"求和项：销售金额"下全部单元格，在"开始"选项卡的"数字"组中单击右下角按钮，如图 3-21 所示。

图 3-21

❷ 打开"设置单元格格式"对话框，单击左侧"分类"列表框中的"自定义"选项，在右侧"类型"文本框中输入"[红色][>=10000]0.00"，如图 3-22 所示。

图 3-22

❸ 单击"确定"按钮，完成自定义单元格格式设置。此时看到数据透视表中销售金额总计值大于 10000 元时显示红色，如图 3-23 所示。

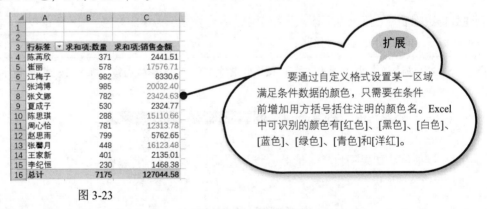

图 3-23

扩展

要通过自定义格式设置某一区域满足条件数据的颜色，只需要在条件前增加用方括号括住注明的颜色名。Excel 中可识别的颜色有[红色]、[黑色]、[白色]、[蓝色]、[绿色]、[青色]和[洋红]。

例 4：让报表中数值小于特定值的单元格显示不达标且为蓝色

创建数据透视表后，可以设置让小于特定值的单元格显示指定文字，且可以指定显示颜色。如本例中要求让销售金额小于 5000 元时显示"不达标"且为蓝色。

❶ 在目标数据透视表中，选中"求和项：分数"下全部单元格，在"开始"选项卡的"数字"组中单击右下角按钮。

❷ 打开"设置单元格格式"对话框,单击左侧"分类"列表框中的"自定义"选项,在右侧"类型"文本框中输入"[>=5000]G/通用格式;[蓝色][<5000]"不达标"",如图 3-24 所示。

❸ 单击"确定"按钮,完成自定义单元格格式设置。此时看到数据透视表中销售金额小于 5000 元时显示为蓝色"不达标"文字,如图 3-25 所示。

图 3-24

> **扩展**
> 不需要特殊标记时,就在"设置单元格格式"对话框中设置格式为"常规"即可。

行标签	求和项:数量	求和项:销售金额
陈茜欣	371	不达标
崔丽	578	17576.71
江梅子	982	8330.6
张鸿博	985	20032.4
张文娜	782	23424.63
夏成子	530	不达标
陈思琪	288	15110.66
周心怡	781	12313.78
赵思雨	799	5762.65
张馨月	448	16123.48
王家新	401	不达标
李纪恒	230	不达标
总计	7175	127044.58

图 3-25

3.1.3　通过设置数据透视表选项改变数字格式

当数据透视表中出现错误值或者空单元格时,可以通过设置数据透视表选项来改变数字格式,使最终报表更美观。

例 1:设置错误值显示为空

如图 3-26 所示的数据透视表中,在添加了"毛利率"计算字段后,计算出现了"#DIV/0!"错误值。如果不想让数据透视表中显示错误值,可以通过如下设置取消错误值,或显示为指定值。

行标签	求和项:毛利	求和项:销售金额	求和项:毛利率
六安瓜片	7341	20676	36%
龙井	0	0	#DIV/0!
普洱茶	5789	22872	25%
祁门红茶	7838	23750	33%
太平猴魁	6478	33049	20%
铁观音	0	0	#DIV/0!
西湖龙井	6037	23400	26%
信阳毛尖	4081	11376	36%
总计	37564	135123	28%

图 3-26

❶ 选中数据透视表区域中的任意单元格，在"数据透视表工具→分析"选项卡的"数据透视表"组中单击"选项"按钮，打开"数据透视表选项"对话框。

❷ 单击"布局和格式"选项卡，在"格式"栏下勾选"对于错误值，显示:"复选框，激活复选框后面的文本框，在文本框中输入"无"，如图 3-27 所示。

❸ 单击"确定"按钮完成设置，可以看到数据透视表中错误值以"无"代替，如图 3-28 所示。

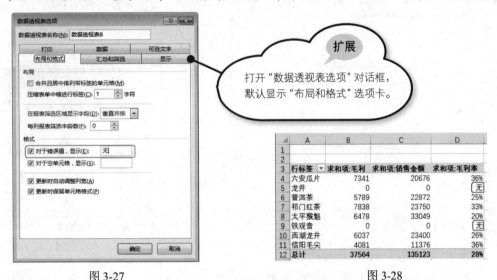

图 3-27

行标签	求和项:毛利	求和项:销售金额	求和项:毛利率
六安瓜片	7341	20676	36%
龙井	0	0	无
普洱茶	5789	22872	25%
祁门红茶	7838	23750	33%
太平猴魁	6478	33049	20%
铁观音	0	0	无
西湖龙井	6037	23400	26%
信阳毛尖	4081	11376	36%
总计	37564	135123	28%

图 3-28

例2：将数据透视表中的空单元格显示为"-"

当数据透视表中没有统计项时，默认显示为空白，如图 3-29 所示。通过设置可以将这样的空单元格统一显示为"0"值或"-"符号等。

求和项:金额	列标签							
行标签	财务部	第二车间	第一车间	经理办公室	人力资源部	销售1部	销售2部	总计
办公用品			180					180
采暖费补助	960							960
差旅费						7886	10300	18186
抵税运费			20300					20300
额外交通费用		1375						1375
浮动费用		68						68
工会经费	1560							1560
公积金	16800							16800
活费补		260						260
交通费用		160	25					185
交通工具消耗		1860						1860
教育经费					1500			1500
失业保险					1550			1550
通讯费				200		330	1380	1910
误餐费		3300						3300
修理费		1250						1250
养老保险	290							290
邮寄费用		1932	8					1940
招待费				3640				3640
资料费				320				320
总计	19610	10385	20333	3840	3370	8216	11680	77434

图 3-29

❶ 选中数据透视表区域中的任意单元格，在"数据透视表工具→分析"选项卡的"数据透视表"组中单击"选项"按钮，打开"数据透视表选项"对话框。

❷ 单击"布局和格式"选项卡，取消勾选"格式"栏下的"对于空单元格，显示："复选框，并设置值为"0"，如图 3-30 所示。

❸ 单击"确定"按钮，此时数据透视表数值区域中的空单元格显示为 0，如图 3-31 所示。

图 3-30

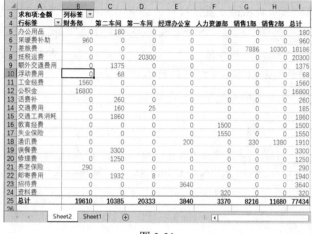

图 3-31

❹ 接着在"数据透视表工具→分析"选项卡的"活动字段"组中单击"字段设置"按钮，打开"值字段设置"对话框，单击"数字格式"按钮，如图 3-32 所示。

❺ 打开"设置单元格格式"对话框，在"分类"列表框中单击"自定义"选项，然后在右侧"类型"文本框中输入"G/通用格式;G/通用格式;"_""，如图 3-33 所示。

图 3-32

图 3-33

❻ 依次单击"确定"按钮完成设置，数据透视表显示效果如图 3-34 所示。

例 3：取消空单元格自定义显示

在例 2 中介绍了对于数据透视表中的空单元格可以通过自定义设置而显示为特殊的格式。如果想取消空单元格的自定义显示，可以按如下方法设置。

❶ 选中数据透视表区域中的任意单元格，在"数据透视表工具→分析"选项卡的"数据透视表"组中单击"选项"按钮，打开"数据透视表选项"对话框。

❷ 单击"布局和格式"选项卡，重新勾选"格式"栏下的"对于空单元格，显示："复选框，并保持后面的文本框显示为空，如图 3-35 所示。

❸ 单击"确定"按钮完成设置。

行标签	财务部	第二车间	第一车间	经理办公室	人力资源部	销售1部	销售2部	总计
办公用品	—	180	—	—	—	—	—	180
采暖费补助	960	—	—	—	—	—	—	960
差旅费	—	—	—	—	—	7886	10300	18186
抵税运费	—	—	20300	—	—	—	—	20300
额外交通费用	—	1375	—	—	—	—	—	1375
浮动费用	—	68	—	—	—	—	—	68
工会经费	1560	—	—	—	—	—	—	1560
公积金	16800	—	—	—	—	—	—	16800
话费补	—	260	—	—	—	—	—	260
交通费用	—	160	25	—	—	—	—	185
交通工具消耗	—	1860	—	—	—	—	—	1860
教育经费	—	—	—	—	1500	—	—	1500
失业保险	—	—	—	—	1550	—	—	1550
通讯费	—	—	—	200	—	330	1380	1910
误餐费	—	3300	—	—	—	—	—	3300
修理费	—	1250	—	—	—	—	—	1250
养老保险	290	—	—	—	—	—	—	290
邮寄费用	—	1932	8	—	—	—	—	1940
招待费	—	—	—	3640	—	—	—	3640
资料费	—	—	—	—	320	—	—	320
总计	19610	10385	20333	3840	3370	8216	11680	77434

图 3-34

图 3-35

3.2　条件格式设置

数据透视表不仅具有强大的数据分析能力，而且可以像普通表格一样，通过设置条件格式使符合特定条件的数值或文本突出显示出来，以方便报表数据的查看。

3.2.1　让满足条件的单元格突出显示

通过条件格式的设置可以让满足条件的格式的数据以特殊的格式显示出来，方便我们查看和分析数据。例如可以突出显示大于或小于某个的数值，突出显示某一特定时间段的数值；突出前几名或后几名的数值等。也可以为符合条件的单元格设置特殊图标显示。

例1：让报表中成绩小于60分的记录特殊显示

当前报表中分班级统计了学生的某科目成绩，要求将统计结果中成绩小于60分的记录以特殊格式显示出来。

❶ 选中报表中"求和项：理论"下的单元格区域，在"开始"选项卡的"样式"组中单击"条件格式"按钮，在弹出的菜单中可以选择条件格式，此处选择"突出显示单元格规则"→"小于"命令，如图3-36所示。

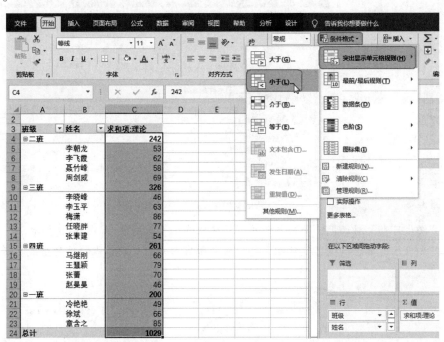

图3-36

❷ 弹出设置对话框，设置单元格值小于"60"，如图3-37所示。

图3-37

扩展

在设置满足条件时单元格显示格式时，默认格式为"浅红填充色深红色文本"，可以单击右侧的下拉按钮，从下拉列表中重新选择其他格式。

❸ 单击"确定"按钮回到报表中，可以看到所有分数小于 60 分的单元格都显示为浅红填充色深红色文本，如图 3-38 所示。

例 2：将报表中某月的支出记录突出显示出来

报表中统计了各类别费用在不同日期的支出金额，通过单元格条件格式的设置，可以实现让某月的日期突出显示出来。

❶ 选中"日期"字段下的所有单元格区域，在"开始"选项卡的"样式"组中单击"条件格式"按钮，在弹出的下拉菜单中选择"突出显示单元格规则"→"发生日期"命令，如图 3-39 所示。

图 3-38

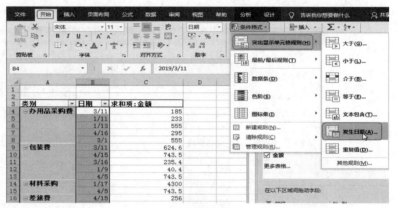

图 3-39

❷ 弹出"发生日期"对话框，单击左侧的下拉按钮选择"本月"，如图 3-40 所示。

❸ 设置完成后依次单击"确定"按钮，可以看到所有本月的日期都以特殊的格式显示，如图 3-41 所示。

图 3-40

> **扩展**
>
> 在打开的"发生日期"对话框的下拉列表中还有其他选项供选择，操作时可根据实际选择。

图 3-41

经验之谈

　　在打开的"发生日期"对话框的下拉列表中还有其他选项供选择，但是，这里无法自定义指定的日期区间（见图3-42）。如果要自定义指定的日期区间，可通过筛选的方式快速找到。

　　单击"日期"右侧下拉按钮，在弹出的下拉列表中单击"日期筛选"→"自定义筛选"命令，打开"日期筛选"对话框，如图3-43所示。在这里可以通过选择"介于"命令选项，实现筛选查找介于指定日期区间的数据。

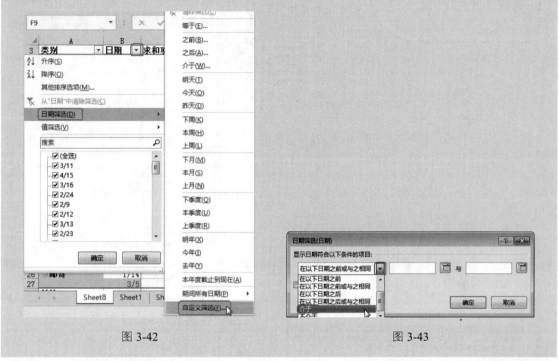

图 3-42　　　　　　　　　　　　　　　　　　　　　　图 3-43

例3：当文本包含某个值时突出显示

　　当前报表中按品牌统计了各个商品的库存数量，现在想通过产品名称找出某一类产品（如"眼霜"），可以通过设置条件格式来实现。

　❶ 选中"产品名称"字段下的单元格区域，单击"开始"选项卡的"样式"组中的"条件格式"按钮，在下拉菜单中依次选择"突出显示单元格规则"→"文本包含"命令，如图3-44所示。

　❷ 弹出"文本中包含"对话框，设置单元格值为"眼"，如图3-45所示。

　❸ 单击"确定"按钮，就可以看到报表中包含"眼"文本的数据以特殊格式显示出来，效果如图3-46所示。

扩展

在设置数据透视表的条件
格式时，一般首先将数据透视表的布局
更改为"表格"样式（1.2.5 小节已做介
绍），且取消汇总的显示（1.2.4 小节已
做介绍）。

图 3-44

图 3-46

图 3-45

例 4：让报表中库存数量大于特定数值的记录特殊显示

当前报表中按品牌统计了各个产品的库存数量，要求将库存量过大的以特殊格式显示
出来。

❶ 选中报表中"求和项：库存数量"下的单元格区域，在"开始"选项卡的"样式"组中单击"条
件格式"按钮，在弹出的菜单中可以选择条件格式，此处选择"突出显示单元格规则"→"大于"命令，

如图 3-47 所示。

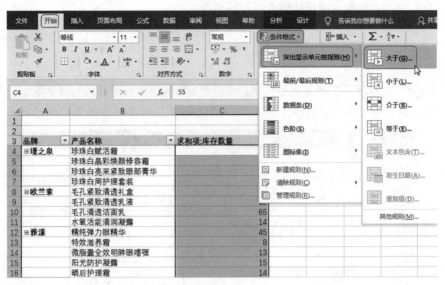

图 3-47

❷ 弹出设置对话框，设置单元格值大于"40"显示为"浅红填充色深红色文本"，如图 3-48 所示。

❸ 单击"确定"按钮回到报表中，可以看到所有库存数量大于 40 的单元格都显示为浅红填充色深红色文本，如图 3-49 所示。

图 3-48

图 3-49

例5：让报表中成绩前5名的特殊显示

当前报表中分班级统计了学生的某科目成绩，要求将统计结果中前5名的特殊显示出来。

❶ 选中"求和项：理论"下的单元格区域，在"开始"选项卡的"样式"组中单击"条件格式"按钮，在弹出的下拉菜单中选择"最前/最后规则"→"前10项"命令，如图3-50所示。

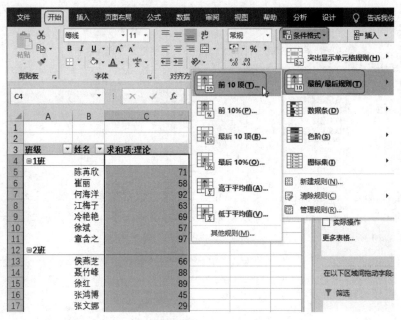

图 3-50

❷ 弹出"前10项"对话框，重新设置值为"5"（因为这里想显示前5名），单击右侧的下拉按钮选择一种格式，如"浅红填充色深红色文本"，如图3-51所示。

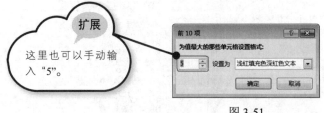

图 3-51

❸ 单击"确定"按钮，可以看到前5名成绩显示为所设置的特殊格式，如图3-52所示。

图 3-52

例 6：根据数据大小显示数据条

通过为一组数据添加数据条可以直接显示数据大小。如本例中通过添加的数据条可以直观地看到哪个品牌库存数量最多。

选中报表中"求和项：库存数量"下面的数据，在"开始"选项卡的"样式"组中单击"条件格式"按钮，在弹出的下拉菜单中选择"数据条"命令，在子菜单可选择需要的数据条类型并单击即可，如图 3-53 所示。

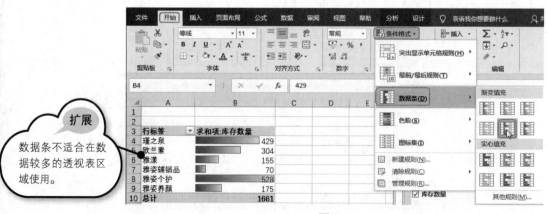

图 3-53

例7：用图标集界定数据区间（为不同库存量亮起三色灯）

本例使用数据透视表汇总了各种产品的库存数量，要求将不同的库存量以不同颜色的灯来表示。本例中需要将库存在 15 以下的亮红灯；15~40 的亮黄灯；40 以上的亮绿灯。

❶ 选中要设置的单元格区域，在"开始"选项卡的"样式"组中单击"条件格式"按钮，在"图标集"子菜单下选择"其他规则"命令，如图 3-54 所示。

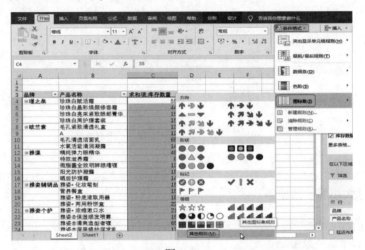

图 3-54

❷ 打开"新建格式规则"对话框，在"图标样式"下拉列表中选择第一个图标类型，如图 3-55 所示。

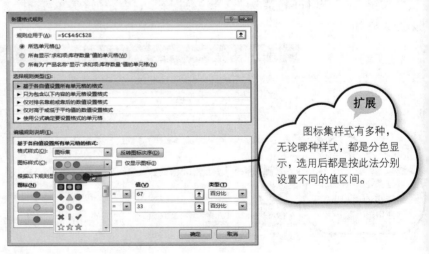

> **扩展**
>
> 图标集样式有多种，无论哪种样式，都是分色显示，选用后都是按此法分别设置不同的值区间。

图 3-55

❸ 在第一个绿色图标后的"类型"列表中选择"数字",如图3-56所示。

❹ 在第一个绿色图标后的"值"框中输入"40",如图3-57所示。

图3-56

图3-57

❺ 按相同的方法设置黄色图标,即类型选择为"数字",值设置为"15",如图3-58所示。

❻ 通过上述设置后,最终达到的显示效果是:绿灯的值区域为"≥40";黄灯的值区域为"≥15且<40",红灯的值区域为"<15",设置效果如图3-59所示。

图3-58

图3-59

例 8：用条件格式给优秀成绩插红旗

本例数据透视表中为公司员工的理论考核分数，要求将优秀成绩插上红旗突出显示。如本例约定成绩在 90 分及以上的为优秀。

❶ 选中要设置的单元格区域，在"开始"选项卡的"样式"组中单击"条件格式"下拉按钮，在"图标集"子菜单下选择"其他规则"命令，如图 3-60 所示。

❷ 打开"新建格式规则"对话框，在"图标样式"下拉列表中选择"三色旗"图标类型，如图 3-61 所示。

图 3-60　　　　　　　　　　　　　　　　　　　图 3-61

❸ 单击第一个绿色旗子右侧的下拉按钮，在列表中选择红色旗子，如图 3-62 所示。

❹ 在第一个旗子后的"类型"列表中选择"数字"，再在"值"框中输入"90"，如图 3-63 所示。

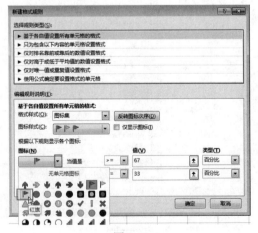

图 3-62　　　　　　　　　　　　　　　　　　　图 3-63

❺ 单击第二个旗子右侧的下拉按钮，在列表中选择"无单元格格式"，即只保留第一个红色旗子，如图 3-64 所示。

❻ 单击"确定"按钮即可在优秀成绩所在单元格插上红旗，效果如图 3-65 所示。

注意

最后一个红旗也需要按相同的方法设置"无单元格格式"。

图 3-64

图 3-65

3.2.2 通过公式新建规则

如果 Excel 给定的条件格式规则无法满足需求，也可以通过使用公式新建规则，达到特殊显示的目的。

例1：突出显示支出金额最高及最低的整行数据

报表中统计了各个不同费用类别的支出金额，通过条件格式设置可以实现让支出金额最高及最低的整行数据都突出显示出来。

❶ 选中数据透视表中的数据统计区域，在"开始"选项卡的"样式"组中单击"条件格式"下拉按钮，在弹出的下拉菜单中选择"新建规则"命令，如图 3-66 所示。

❷ 打开"新建格式规则"对话框，在列表框中选择"使用公式确定要设置格式的单元格"，设置公式为：=($I5=MIN($I$5:$I$24))+($I5=MAX($I$5:$I$24))，如图 3-67 所示。

❸ 单击"格式"按钮，打开"设置单元格格式"对话框，单击"填充"选项卡，设置填充颜色为"橙色"，如图 3-68 所示。

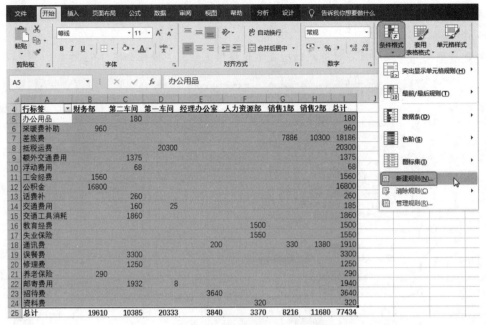

图 3-66

图 3-67

图 3-68

❹ 依次单击"确定"按钮，可以看到数据透视表中最高与最低支出费用整行都特殊显示出来，如图 3-69 所示。

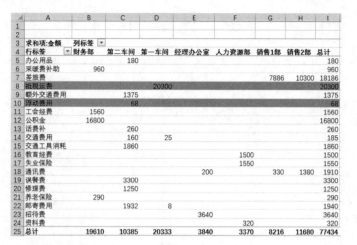

图 3-69

例 2：突出显示销量增长最多的销售员

报表中统计出每位员工在两个月中的销售数量，为了便于查看哪位销售的销售数量增长最多，可以通过设置条件格式让其突出显示出来。

❶ 选中"销售员"字段下的所有单元格区域，在"开始"选项卡的"样式"组中单击"条件格式"下拉按钮，在弹出的下拉菜单中选择"新建规则"命令，如图 3-70 所示。

❷ 打开"新建格式规则"对话框，在"选择规则类型"列表框中选择"使用公式确定要设置格式的单元格"，输入公式：=C4-B4=MAX(C$4:C$18-B$4:B$18)，如图 3-71 所示。

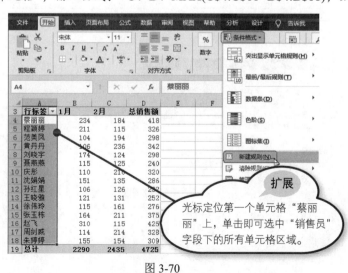

图 3-70

图 3-71

❸ 单击"格式"按钮，打开"设置单元格格式"对话框，单击"填充"选项卡，设置填充颜色为红色，如图 3-72 所示。

❹ 依次单击"确定"按钮完成条件格式设置。此时销售员列中的"黄丹丹"显示为红色，如图 3-73 所示。

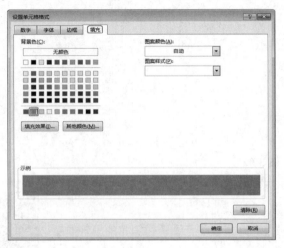

图 3-72

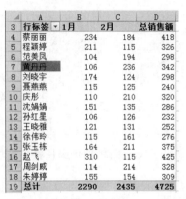

图 3-73

例 3：按查询条件高亮显示报表中找到的结果

本例中要实现通过查询条件让报表中找到的统计结果数据整行高亮显示。例如本例中首先在 C1 单元格中设置查询人的姓名。

❶ 选中数据透视表统计区域，在"开始"选项卡的"样式"组中单击"条件格式"下拉按钮，在弹出的下拉菜单中选择"新建规则"命令，如图 3-74 所示。

图 3-74

❷ 打开"新建格式规则"对话框,在"选择规则类型"列表框中选择"使用公式确定要设置格式的单元格",输入公式:= A4=$C$1,如图 3-75 所示。

❸ 单击"格式"按钮,打开"设置单元格格式"对话框,单击"填充"选项卡,设置填充颜色为"蓝色",如图 3-76 所示。

图 3-75

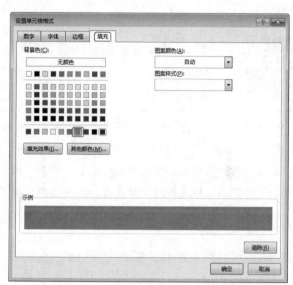

图 3-76

❹ 依次单击"确定"按钮完成设置,可以看到统计报表中与 C1 单元格中查询姓名相符的名字突出显示,如图 3-77 所示。

❺ 更改 C1 单元格的查询姓名,按 Enter 键,可以看到下面的统计区域中高亮自动定位,如图 3-78 所示。

	A	B	C
1	高亮显示学生姓名		张景源
2			
3	姓名 ▼	平均值项:语文	平均值项:数学
4	林成瑞	77	79
5	邹阳阳	88	74.5
6	张景源	72.5	66.5
7	苏敏	78.5	82.5
8	何平	67	66
9	何艳红	87.5	90.5
10	余一燕	84	71.5
11	肖沼阳	87	92.5
12	何浩成	73	81.5
13	李萍	95	88
14	彭丽	81	77
15	杨海洋	76	93.5
16	刘杰	87.5	73.5
17	吴林	82	81.5
18	张怡怜	85.5	81

图 3-77

	A	B	C	D
1	高亮显示学生姓名		肖沼阳	
2				
3	姓名 ▼	平均值项:语文	平均值项:数学	
4	林成瑞	77	79	
5	邹阳阳	88	74.5	
6	张景源	72.5	66.5	
7	苏敏	78.5	82.5	
8	何平	67	66	
9	何艳红	87.5	90.5	
10	余一燕	84	71.5	
11	肖沼阳	87	92.5	
12	何浩成	73	81.5	
13	李萍	95	88	
14	彭丽	81	77	
15	杨海洋	76	93.5	
16	刘杰	87.5	73.5	
17	吴林	82	81.5	
18	张怡怜	85.5	81	

图 3-78

3.2.3 编辑或删除规则

添加的规则都可以被重新编辑修改或删除。当要突出显示的条件发生改变时，就可以打开"条件格式规则管理器"对话框重新编辑规则；如果不需要某条规则也可以在"条件格式规则管理器"对话框中将其删除。

例 1：重新编辑建立的条件格式规则

当条件规则建立完成后，如果有部分错误或是想重新设置显示格式，这时不必重建，只需要进行修改即可。

❶ 选中设置了条件规则的任意单元格，单击"开始"选项卡的"样式"组中的"条件格式"按钮，在下拉菜单中选择"管理规则"命令，打开"条件格式规则管理器"对话框。

❷ 在列表中选中需要修改的格式规则，单击"编辑规则"按钮，如图 3-79 所示。

❸ 打开"编辑格式规则"对话框，即可像新建格式一样对此格式重新编辑，如图 3-80 所示。

图 3-79

图 3-80

例 2：重设条件格式的应用范围

在进行条件格式设置之前选中的单元格区域为条件格式的应用区域。当条件格式建立完毕后，也可以重新更改其应用范围。

❶ 选中设置了条件规则的任意单元格，单击"开始"选项卡的"样式"组中的"条件格式"按钮，在下拉菜单中选择"管理规则"命令，打开"条件格式规则管理器"对话框。

❷ 选中需要的格式规则，单击"应用于"框右侧的拾取器按钮，如图 3-81 所示。

❸ 回到报表中重新选择要"应用于"区域，如图 3-82 所示。

图 3-81

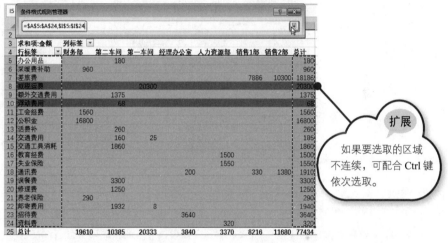

图 3-82

❹ 选取后再次单击拾取器重新回到"条件格式规则管理器"对话框，单击"确定"按钮完成设置，可以看到报表显示出相应结果，如图 3-83 所示。

	A	B	C	D	E	F	G	H	I
3	求和项:金额	列标签							
4	行标签	财务部	第二车间	第一车间	经理办公室	人力资源部	销售1部	销售2部	总计
5	办公用品		180						180
6	采暖费补助	960							960
7	差旅费						7886	10300	18186
8	抵税运费			20300					20300
9	额外交通费用		1375						1375
10	浮动费用		68						68
11	工会经费	1560							1560
12	公积金	16800							16800
13	话费补		260						260
14	交通费用		160	25					185
15	交通工具消耗		1860						1860
16	教育经费					1500			1500
17	失业保险					1550			1550
18	通讯费				200		330	1380	1910
19	误餐费		3300						3300
20	修理费		1250						1250
21	养老保险	290							290
22	邮寄费用		1932	8					1940
23	招待费				3640				3640
24	资料费					320			320
25	总计	19610	10385	20333	3840	3370	8216	11680	77434

图 3-83

例 3：清除建立的条件格式规则

当不再需要表格建立的条件格式，可以选择删除部分或者全部。

❶ 单击"开始"选项卡的"样式"组中的"条件格式"按钮，在下拉菜单中选择"管理规则"命令，打开"条件格式规则管理器"对话框。

❷ 选中需要删除的格式规则，单击"删除规则"按钮即可，如图 3-84 所示。

图 3-84

> 扩展
>
> 在删除规则后，原来应用于数据透视表中的格式将自动取消。

经验之谈

如果要一次性删除建立的所有规则，只需要在"开始"选项卡的"样式"组中单击"条件格式"按钮，在下拉菜单中选择"删除规则"→"清除整个工作表的规则"命令即可将其删除，如图 3-85 所示。

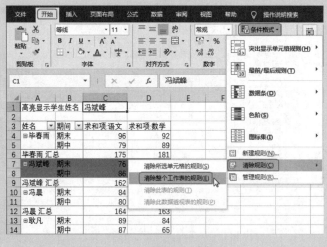

图 3-85

第 4 章

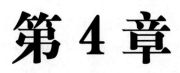

数据透视表排序

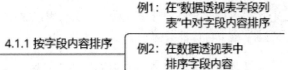

数据透视表排序

4.1 自动排序

4.1.1 按字段内容排序
- 例1：在"数据透视表字段列表"中对字段内容排序
- 例2：在数据透视表中排序字段内容

4.1.2 按数值排序
- 例1：对统计结果进行排序
- 例2：对分类汇总值排序
- 例3：双关键字同时排序

4.1.3 解决更新数据源后报表不能自动排序的问题

4.2 自定义排序

4.2.1 自定义文本字段的排序规则
- 例1：按笔划升序排序文本字段的项目
- 例2：手动排序文本字段的项目
- 例3：添加自定义序列排序
- 例4：按数据源顺序排序字段项目

4.2.2 只对局部数据进行排序

4.2.3 按行排序统计数据

4.1 自动排序

数据透视表中的数据也能排序，可以设置为按字段内容或数值排序。排序后，数据透视表中数据更有序，并且使数据分析结果更清晰和易于查看。本节将详细介绍如何对数据透视表排序并且针对排序后出现的问题给出相应的解决方法。

4.1.1 按字段内容排序

在数据透视表中，有两种方法可以对字段内容进行排序，在"数据透视表字段列表"中排序或者直接在数据透视表中使用右键菜单进行排序。

例 1：在"数据透视表字段列表"中对字段内容排序

添加行字段后，可以利用"数据透视表字段列表"快速实现对字段中包含的项进行排序。

❶ 打开"数据透视表字段列表"任务窗格，单击目标字段（如"项目花费"字段）右侧的下拉按钮，在弹出的下拉菜单中选择"降序"命令，如图 4-1 所示。

❷ 执行上述操作后即可让"项目花费"字段下面的项以降序排列，效果如图 4-2 所示。

图 4-1   图 4-2

例 2：在数据透视表中排序字段内容

在数据透视表中，利用鼠标右键可以快速实现让目标字段下面的项按升序或降序排列。例如要实现按"班级"字段降序排序，操作如下。

❶ 选中"班级"字段下的任意项，右击，在弹出的快捷菜单中选择"排序"→"降序"命令，如图 4-3 所示。

❷ 执行上述操作后即可让"班级"字段下面的项以降序排列，效果如图 4-4 所示。

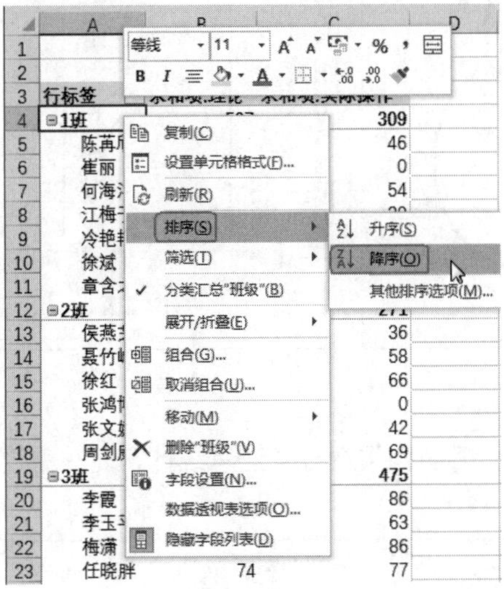

图 4-3

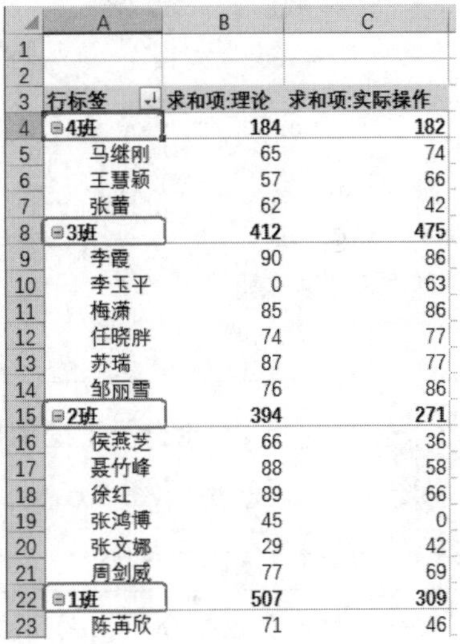

图 4-4

4.1.2　按数值排序

在数据透视表中按数值排序时，可以对统计结果或者分类汇总值升序或降序排列。如果数据透视表设置了双字段，还可以对双关键字同时排序。

例 1：对统计结果进行排序

当前数据透视表中按日对产品的出库数量进行了汇总统计，通过排序可以快速对出库数量进行降序排序，从而查看哪几日出库数量较高。

❶ 选中需要对其排序的字段下的任意单元格，如本例选中"出仓数量"标识下的任意单元格，在"数据"选项卡的"排序和筛选"组中单击"降序"按钮，如图 4-5 所示。

❷ 执行上述操作即可完成对"出库数量"的排序，效果如图 4-6 所示。

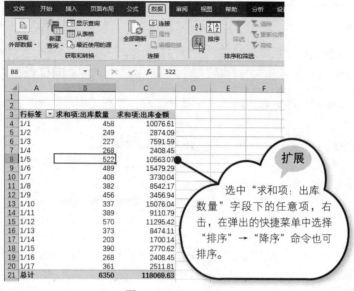

行标签	求和项:出库数量	求和项:出库金额
1/1	458	10076.61
1/2	249	2874.09
1/3	227	7591.59
1/4	268	2408.45
1/5	522	10563.07
1/6	489	15479.29
1/7	408	3730.04
1/8	382	8542.17
1/9	456	3456.94
1/10	337	15076.04
1/11	389	9110.79
1/12	570	11295.42
1/13	373	8474.11
1/14	203	1700.14
1/15	390	2770.62
1/16	268	2408.45
1/17	361	2511.81
总计	6350	118069.63

图 4-5

行标签	求和项:出库数量	求和项:出库金额
1/12	570	11295.42
1/5	522	10563.07
1/6	489	15479.29
1/1	458	10076.61
1/9	456	3456.94
1/7	408	3730.04
1/15	390	2770.62
1/11	389	9110.79
1/8	382	8542.17
1/13	373	8474.11
1/17	361	2511.81
1/10	337	15076.04
1/16	268	2408.45
1/4	268	2408.45
1/2	249	2874.09
1/3	227	7591.59
1/14	203	1700.14
总计	6350	118069.63

图 4-6

例 2：对分类汇总值排序

当前数据透视表中按日期对销售数量与销售金额进行了汇总统计，现在需要对各日期统计值进行排序。

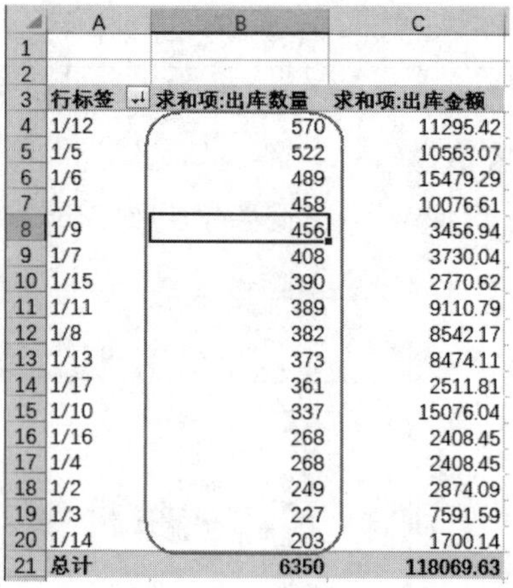

❶ 右击数据透视表中分类汇总所在字段的任意单元格，在弹出的快捷菜单中选择“排序”→“降序”命令，如图 4-7 所示。

❷ 执行上述操作后，可以看到对销售日期的汇总金额值进行了排序，如图 4-8 所示。

行标签	求和项:出库数量	求和项:出库金额
⊟1/1	458	10076.61
图书	60	
玩具	213	
文具	185	
⊟1/2	249	
图书	27	
玩具	72	
文具	150	
⊟1/3	227	
玩具	145	
文具	82	
⊟1/4	268	
图书	16	
玩具	77	
文具	175	
⊟1/5	522	
图书	96	
玩具	265	
文具	161	

图 4-7

行标签	求和项:出库数量	求和项:出库金额
⊟1/6	489	15479.29
图书	257	8177.27
玩具	232	7302.02
⊟1/10	337	15076.04
图书	109	6937.95
玩具	67	86.83
文具	161	8051.26
⊟1/12	570	11295.42
图书	78	6683.26
玩具	172	1535.36
文具	320	3076.8
⊟1/5	522	10563.07
图书	96	879.08
玩具	265	1632.73
文具	161	8051.26
⊟1/1	458	10076.61
图书	60	539.8
玩具	213	7984.18
文具	185	1552.63
⊟1/11	389	9110.79

图 4-8

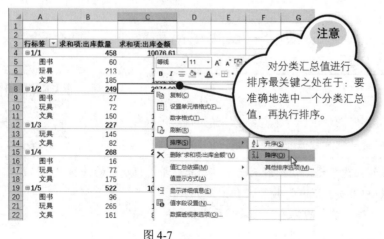

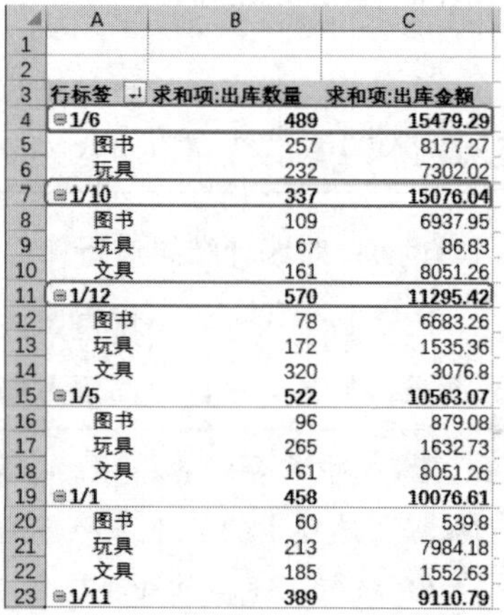

例3：双关键字同时排序

本例中设置了"班级"与"姓名"两个字段为行标签，要求在此报表中进行如下排序：班级总计值按降序排列、各班级下各学生成绩再按降序排列。

❶ 右击数据透视表中"求和项：总分"下显示汇总项值的任意单元格，在弹出的快捷菜单中选择"排序"→"降序"命令，如图4-9所示。

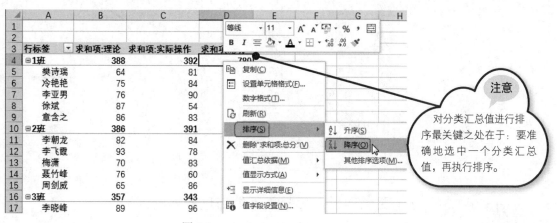

图 4-9

❷ 右击数据透视表中"求和项：总分"下显示某位学生成绩的任意单元格，在弹出的快键菜单中选择"排序"→"降序"命令，如图4-10所示。

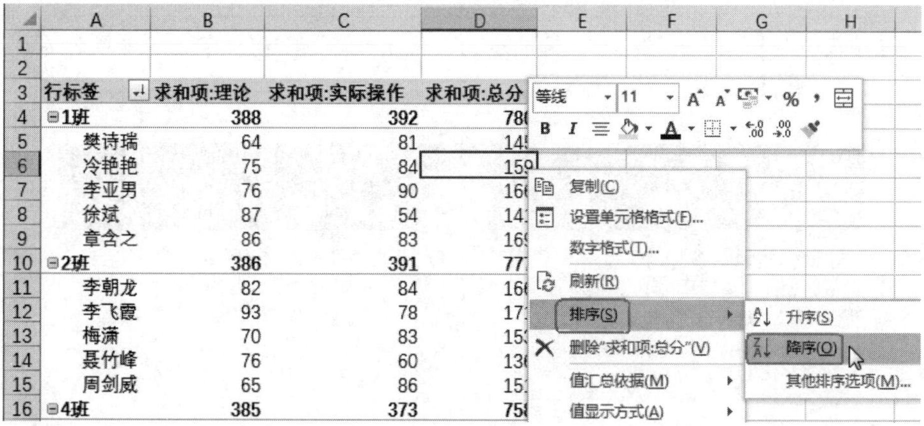

图 4-10

❸ 完成上述两次排序后，数据透视表结果如图4-11所示。

▲	A	B	C	D
1				
2				
3	行标签 ↓	求和项:理论	求和项:实际操作	求和项:总分
4	⊟1班	388	392	780
5	章含之	86	83	169
6	李亚男	76	90	166
7	冷艳艳	75	84	159
8	樊诗瑞	64	81	145
9	徐斌	87	54	141
10	⊟2班	386	391	777
11	李飞霞	93	78	171
12	李朝龙	82	84	166
13	梅潇	70	83	153
14	周剑威	65	86	151
15	聂竹峰	76	60	136
16	⊟4班	385	373	758
17	马继刚	73	89	162
18	王慧颖	89	71	160
19	赵昊昊	73	82	155
20	吴林	80	72	152
21	张蕾	70	59	129
22	⊟3班	357	343	700

> 扩展
>
> 汇总项从大到小排序了，各汇总项下的值也从大到小排序了。

图 4-11

4.1.3 解决更新数据源后报表不能自动排序的问题

数据透视表中创建了自动排序后，当源表格数据发生变化时，数据透视表中数据会自动重新排序。如果出现不能自动重排的情况，是因为人为关闭了"每次更新报表时自动排序"功能，重新开启此功能即可解决问题。

❶ 选中行字段下任意项，在"数据"选项卡的"排序和筛选"组中单击"排序"按钮，如图 4-12 所示，打开"排序"对话框。

图 4-12

❷ 单击左下角的"其他选项"按钮，如图 4-13 所示，弹出"其他排序选项"对话框，重新勾选上"每次更新报表时自动排序"复选框，如图 4-14 所示。单击"确定"按钮，完成设置。

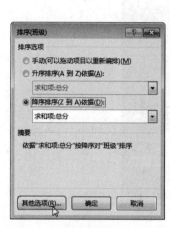

图 4-13

图 4-14

4.2 自定义排序

如果 Excel 预设的排序规则无法满足需求，还可以自定义排序，如对文本字段排序、让数据按行排序等，并且还可以添加自定义的排序序列，让数据按所设定的序列排序。

4.2.1 自定义文本字段的排序规则

自定义排序规则时一般对文本字段应用较多。设置后，可以实现按笔划排序。通过自定义序列还可以实现特殊的排序效果。

例 1：按笔划升序排序文本字段的项目

默认情况下，数据透视表按照汉语拼音升序排列，但在对姓名排序时，经常需要按笔划顺序排序。要实现在数据透视表中按笔划顺序排序，其操作方法如下。

❶ 单击 Windows "开始"按钮→"控制面板"→"区域和语言"，打开"区域和语言"对话框，单击"更改排序方法"按钮，如图 4-15~图 4-17 所示。

❷ 打开"自定义格式"对话框，单击"排序"选项卡，在"选择排序方法"下拉列表中选择"笔划"，如图 4-18 所示。单击"确定"按钮完成设置。

图 4-15

图 4-16

图 4-17

❸ 右击数据透视表"与会人员"字段下的任意项，在"数据"选项卡的"排序和筛选"组中单击"排序"按钮，如图 4-19 所示。

❹ 打开"排序"对话框，选中"升序排列（A 到 Z）依据"选项，如图 4-20 所示。

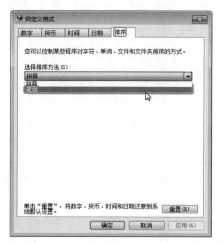

图 4-18

图 4-19

❺ 单击"其他选项"按钮，打开"其他排序选项（与会人员）"对话框，取消选中"每次更新时报表自动排序"选项，选中"笔划选项"单选按钮，如图 4-21 所示。

❻ 单击"确定"按钮，完成按笔划顺序的排序，效果如图 4-22 所示。

图 4-20

图 4-21

图 4-22

例 2：手动排序文本字段的项目

添加字段后其在数据透视表中的默认顺序有时不满足实际需要（如图 4-23 所示，默认 8 月数据排在 9 月后面不符合常理），用户可以手动拖动排序。

❶ 鼠标移至“8 月”单元格的边框处，待鼠标变成四向箭头时，如图 4-23 所示，按住鼠标左键拖动至目标位置上，如图 4-24 所示。

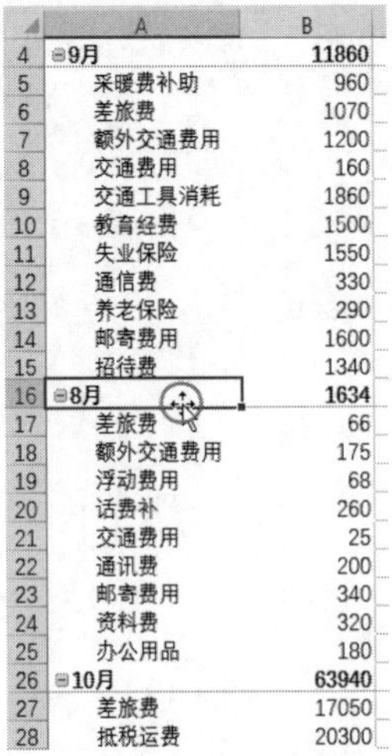

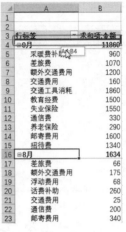

	A	B
4	⊟9月	11860
5	采暖费补助	960
6	差旅费	1070
7	额外交通费用	1200
8	交通费用	160
9	交通工具消耗	1860
10	教育经费	1500
11	失业保险	1550
12	通信费	330
13	养老保险	290
14	邮寄费用	1600
15	招待费	1340
16	⊟8月	1634
17	差旅费	66
18	额外交通费用	175
19	浮动费用	68
20	话费补	260
21	交通费用	25
22	通讯费	200
23	邮寄费用	340
24	资料费	320
25	办公用品	180
26	⊟10月	63940
27	差旅费	17050
28	抵税运费	20300

图 4-23

	A	B
1		
2		
3	行标签	求和项:金额
4	⊟9月	11860
5	采暖费补助	960
6	差旅费	1070
7	额外交通费用	1200
8	交通费用	160
9	交通工具消耗	1860
10	教育经费	1500
11	失业保险	1550
12	通信费	330
13	养老保险	290
14	邮寄费用	1600
15	招待费	1340
16	⊟8月	1634
17	差旅费	66
18	额外交通费用	175
19	浮动费用	68
20	话费补助	260
21	交通费用	25
22	通信费	200
23	邮寄费用	340

图 4-24

❷ 松开鼠标即可完成手动排序，效果如图 4-25 所示。

	A	B
3	行标签	求和项:金额
4	⊟8月	1634
5	差旅费	66
6	额外交通费用	175
7	浮动费用	68
8	话费补助	260
9	交通费用	25
10	通信费	200
11	邮寄费用	340
12	资料费	320
13	办公用品	180
14	⊟9月	11860
15	采暖费补助	960
16	差旅费	1070
17	额外交通费用	1200
18	交通费用	160
19	交通工具消耗	1860
20	教育经费	1500
21	失业保险	1550
22	通讯费	330
23	养老保险	290
24	邮寄费用	1600
25	招待费	1340
26	⊟10月	63940
27	差旅费	17050
28	抵税运费	20300

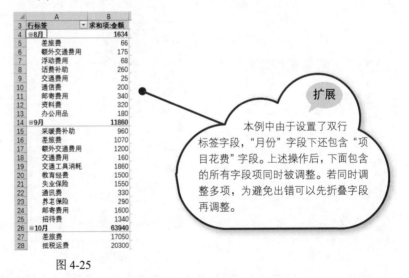

图 4-25

扩展

本例中由于设置了双行标签字段，“月份”字段下还包含“项目花费”字段。上述操作后，下面包含的所有字段项同时被调整。若同时调整多项，为避免出错可以先折叠字段再调整。

例 3：添加自定义序列排序

在进行排序时，对文本的默认排序是按字母排序，对数值的默认按值的大小排序。除此之外，用户可以按自己的需要自定义排序规则。如下面例子中是自定义按职称排序。

❶ 选择"文件"→"选项"命令，打开"Excel 选项"对话框。在左侧单击"高级"选项，在右侧窗口中单击"编辑自定义列表"按钮，如图 4-26 所示。

图 4-26

❷ 打开"自定义序列"对话框，在"输入序列"中依次输入自定义的职称排序（注意要单行显示，或使用半角逗号间隔），如图 4-27 所示。

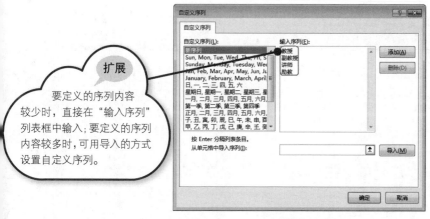

扩展

要定义的序列内容较少时，直接在"输入序列"列表框中输入；要定义的序列内容较多时，可用导入的方式设置自定义序列。

图 4-27

❸ 单击"添加"按钮，该自定义序列添加至"自定义序列"下拉列表框中。单击"确定"按钮，完

成自定义序列的添加。

❹ 选中数据透视表中"职称"字段下的任意项，右击，在弹出的快捷菜单中选择"排序"→"升序"命令，如图 4-28 所示。

❺ 执行上述操作后即可完成自定义排序，排序后的结果如图 4-29 所示。

图 4-28

图 4-29

例 4：按数据源顺序排序字段项目

当前表格数据如图 4-30 所示。当设置"村名"为行字段进行统计时，可以看到默认会把"村名"下的项按字母顺序重新排列，如图 4-31 所示。而我们此处想得到的统计结果是以数据源排序显示各个村名，即得到如图 4-32 所示的统计结果。

图 4-30

图 4-31

❶ 选中源数据表中“村名”下的所有单元格，按下 Ctrl+C 组合键进行复制，如图 4-33 所示。

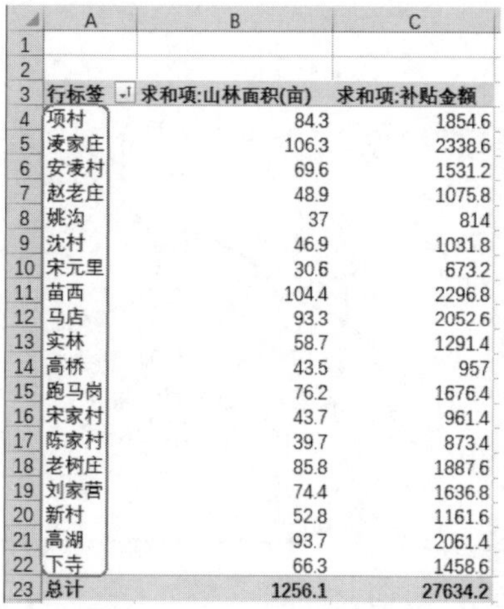

	A	B	C
1			
2			
3	行标签	求和项:山林面积(亩)	求和项:补贴金额
4	项村	84.3	1854.6
5	凌家庄	106.3	2338.6
6	安凌村	69.6	1531.2
7	赵老庄	48.9	1075.8
8	姚沟	37	814
9	沈村	46.9	1031.8
10	宋元里	30.6	673.2
11	苗西	104.4	2296.8
12	马店	93.3	2052.6
13	实林	58.7	1291.4
14	高桥	43.5	957
15	跑马岗	76.2	1676.4
16	宋家村	43.7	961.4
17	陈家村	39.7	873.4
18	老树庄	85.8	1887.6
19	刘家营	74.4	1636.8
20	新村	52.8	1161.6
21	高湖	93.7	2061.4
22	下寺	66.3	1458.6
23	总计	1256.1	27634.2

图 4-32

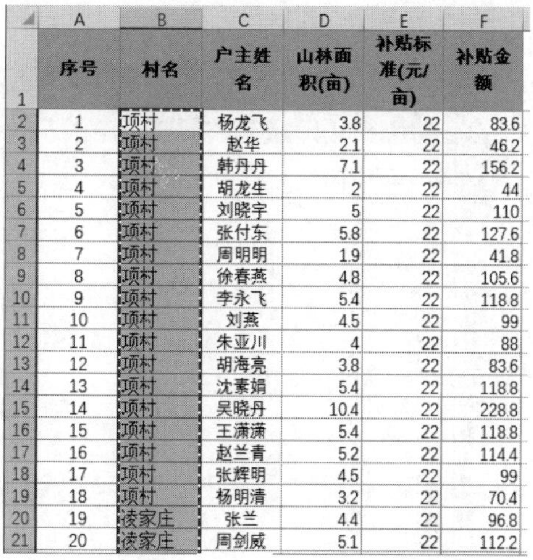

	A	B	C	D	E	F
1	序号	村名	户主姓名	山林面积(亩)	补贴标准(元/亩)	补贴金额
2	1	项村	杨龙飞	3.8	22	83.6
3	2	项村	赵华	2.1	22	46.2
4	3	项村	韩丹丹	7.1	22	156.2
5	4	项村	胡龙生	2	22	44
6	5	项村	刘晓宇	5	22	110
7	6	项村	张付东	5.8	22	127.6
8	7	项村	周明明	1.9	22	41.8
9	8	项村	徐春燕	4.8	22	105.6
10	9	项村	李永飞	5.4	22	118.8
11	10	项村	刘燕	4.5	22	99
12	11	项村	朱亚川	4	22	88
13	12	项村	胡海亮	3.8	22	83.6
14	13	项村	沈素娟	5.4	22	118.8
15	14	项村	吴晓丹	10.4	22	228.8
16	15	项村	王潇潇	5.4	22	118.8
17	16	项村	赵兰青	5.2	22	114.4
18	17	项村	张辉明	4.5	22	99
19	18	项村	杨明清	3.2	22	70.4
20	19	凌家庄	张兰	4.4	22	96.8
21	20	凌家庄	周剑威	5.1	22	112.2

图 4-33

❷ 在数据表空白位置按下 Ctrl+V 组合键粘贴，在“数据”选项卡的“数据工具”组中单击“删除重复值”按钮，如图 4-34 所示。

❸ 打开“删除重复值”对话框，提示删除哪一页中的重复项，如图 4-35 所示。

	A	B	C	D	E	F	G	H
1	序号	村名	户主姓名	山林面积(亩)	补贴标准(元/亩)	补贴金额		项村
2	1	项村	杨龙飞	3.8	22	83.6		项村
3	2	项村	赵华	2.1	22	46.2		项村
4	3	项村	韩丹丹	7.1	22	156.2		项村
5	4	项村	胡龙生	2	22	44		项村
6	5	项村	刘晓宇	5	22	110		项村
7	6	项村	张付东	5.8	22	127.6		项村
8	7	项村	周明明	1.9	22	41.8		项村
9	8	项村	徐春燕	4.8	22	105.6		项村
10	9	项村	李永飞	5.4	22	118.8		项村
11	10	项村	刘燕	4.5	22	99		项村
12	11	项村	朱亚川	4	22	88		项村
13	12	项村	胡海亮	3.8	22	83.6		项村
14	13	项村	沈素娟	5.4	22	118.8		项村
15	14	项村	吴晓丹	10.4	22	228.8		项村
16	15	项村	王潇潇	5.4	22	118.8		项村
17	16	项村	赵兰青	5.2	22	114.4		项村
18	17	项村	张辉明	4.5	22	99		项村
19	18	项村	杨明清	3.2	22	70.4		凌家庄
20	19	凌家庄	张兰	4.4	22	96.8		凌家庄
21	20	凌家庄	周剑威	5.1	22	112.2		凌家庄

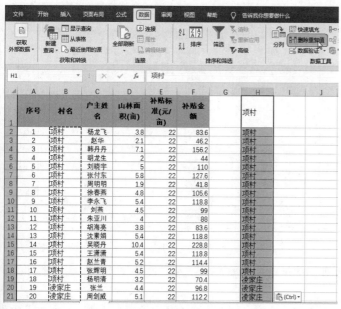

图 4-34

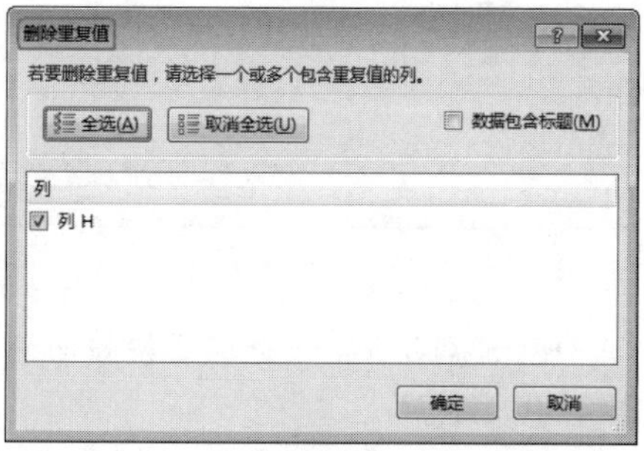

图 4-35

❹ 由于当前只选中一页，因此直接单击"确定"按钮，即可删除 H 列中的重复项目，如图 4-36 所示。

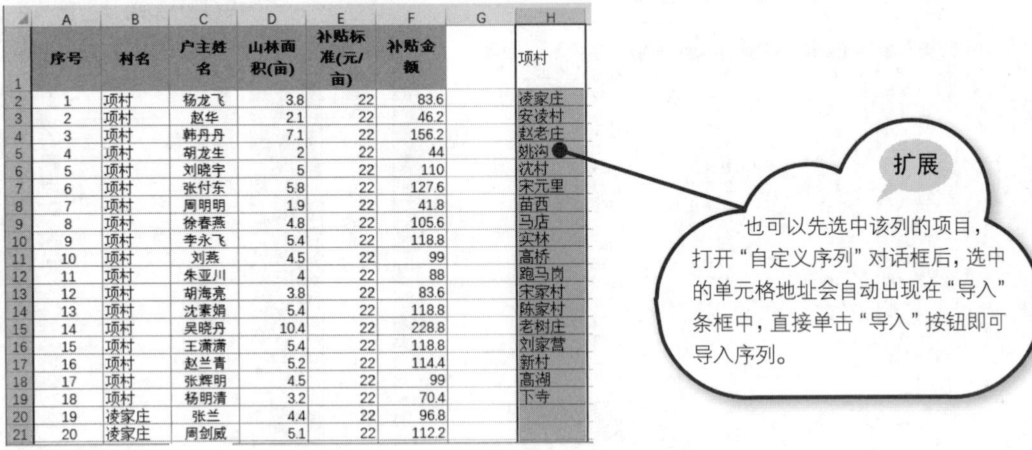

序号	村名	户主姓名	山林面积(亩)	补贴标准(元/亩)	补贴金额		项村
1	项村	杨龙飞	3.8	22	83.6		凌家庄
2	项村	赵华	2.1	22	46.2		安凌村
3	项村	韩丹丹	7.1	22	156.2		赵老庄
4	项村	胡龙生	2	22	44		姚沟
5	项村	刘晓宇	5	22	110		沈村
6	项村	张付东	5.8	22	127.6		宋元里
7	项村	周明明	1.9	22	41.8		苗西
8	项村	徐春燕	4.8	22	105.6		马店
9	项村	李永飞	5.4	22	118.8		实林
10	项村	刘燕	4.5	22	99		高桥
11	项村	朱亚川	4	22	88		跑马岗
12	项村	胡海亮	3.8	22	83.6		宋家村
13	项村	沈素娟	5.4	22	118.8		陈家村
14	项村	吴晓丹	10.4	22	228.8		老树庄
15	项村	王潇潇	5.4	22	118.8		刘家营
16	项村	赵兰青	5.2	22	114.4		新村
17	项村	张辉明	4.5	22	99		高湖
18	项村	杨明清	3.2	22	70.4		下寺
19	凌家庄	张兰	4.4	22	96.8		
20	凌家庄	周剑威	5.1	22	112.2		

> 扩展
>
> 也可以先选中该列的项目，打开"自定义序列"对话框后，选中的单元格地址会自动出现在"导入"条框中，直接单击"导入"按钮即可导入序列。

图 4-36

❺ 选择"文件"→"选项"命令，打开"Excel 选项"对话框。在左侧单击"高级"选项，在右侧窗口中单击"编辑自定义列表"按钮，打开"自定义序列"对话框，如图 4-37 所示。

❻ 单击"导入"按钮前的拾取器按钮回到工作表中，选中第❺步中 H 列的项目，如图 4-38 所示。

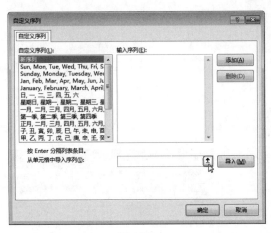

图 4-37

图 4-38

❼ 选择后再单击拾取器按钮回到"选项"对话框中，单击"导入"按钮即可导入这一序列，如图 4-39 所示。

❽ 选中数据透视表中"村名"字段下的任意项，在"数据"选项卡的"排序和筛选"组中单击"升序"按钮，即可得到需要的排序效果，如图 4-40 所示。

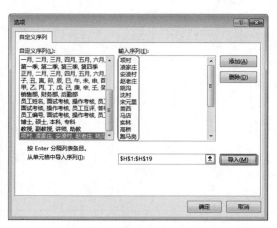

图 4-39

图 4-40

4.2.2 只对局部数据进行排序

如果数据透视表中的数据过多，用户可以根据需要对透视表中的局部数据进行排序。当前数据透视表如图 4-41 所示。现在要求只对 9 月的支出金额进行排序。

❶ 右击数据透视表"9 月"统计项的任意单元格，在弹出的快捷菜单中选择"排序"→"降序"命令，如图 4-42 所示。

图 4-41

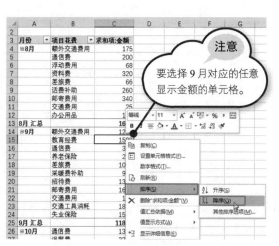

图 4-42

❷ 执行上述操作后可以看到 9 月的金额按从大到小排序，如图 4-43 所示。

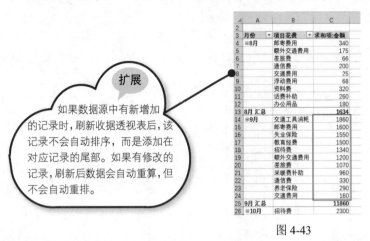

扩展

如果数据源中有新增加的记录时，刷新收据透视表后，该记录不会自动排序，而是添加在对应记录的尾部。如果有修改的记录，刷新后数据会自动重算，但不会自动重排。

图 4-43

4.2.3 按行排序统计数据

如果想查看按行数据的排序结果，可以设置按行排序。例如下面的数据透视表中，想直观地查看某一位学生各科目的成绩排序情况，其操作如下。

❶ 选中要对其排序的行的数值区域的任意单元格，在"数据"选项卡的"排序和筛选"组中单击"排序"按钮，如图 4-44 所示。

扩展

或者右击数值区域的任意单元格，在弹出的快捷菜单中选择"排序"→"其他排序选项"命令，打开"按值排序"对话框。

图 4-44

❷ 打开“按值排序”对话框，选择“降序”和“从左到右”单选框，如图 4-45 所示。

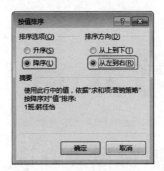

图 4-45

❸ 单击“确定”按钮可以看到单行排序后效果，如图 4-46 所示。

2								
3	行标签	求和项:市场开拓	求和项:营销策略	求和项:商务英语	求和项:商务礼仪	求和项:顾客心理	求和项:专业技能	求和项:沟通与团队
4	⊟1班	593	590	576	559	620	593	611
5	陈思白	87	88	80	76	98	88	87
6	崔丽	78	81	82	85	88	88	90
7	韩佳怡	91	87	87	87	90	79	88
8	江梅子	82	97	76	81	85	83	83
9	徐斌	87	82	83	76	98	88	87

图 4-46

第 5 章

数据透视表筛选

数据透视表筛选

- 5.1 自动筛选
  - 5.1.1 使用数据透视表的自动筛选按钮
    - 例1：在数据透视表中筛选查看数据
    - 例2：隐藏数据透视表的"（空白）"数据项
    - 例3：快速排除报表中某个项
  - 5.1.2 值筛选
    - 例1：筛选出大于特定值的记录
    - 例2：筛选出排名前N位的记录
    - 例3：筛选出大于平均值的记录
  - 5.1.3 日期筛选
    - 例1：筛选出任意指定日期区间的统计结果
    - 例2：筛选出本月支出记录
    - 例3：筛选出任意指定月份的统计结果
    - 例4：筛选出周六、周日的数据记录
  - 5.1.4 "与""或"条件筛选
    - 例1：同时满足双条件筛选
    - 例2："或"条件筛选
  - 5.1.5 模糊筛选
    - 例1：设置标签筛选得出一类数据
    - 例2：利用搜索筛选器筛选
    - 例3：利用搜索筛选器将筛选结果中某类数据再次排除
    - 例4：设置报表筛选字段的模糊筛选
  - 5.1.6 删除筛选
    - 例1：清除筛选
    - 例2：清除指定字段的筛选
- 5.2 切片器筛选
  - 5.2.1 插入切片器
    - 例1：插入切片器进行单个字段筛选
    - 例2：添加切片器实现同时多项数据筛选
  - 5.2.2 切片器高级筛选
    - 例1：添加切片器实现同时满足多条件的筛选
    - 例2：通过切片器同步筛选两个数据透视表
  - 5.2.3 切片器设置
    - 例1：清除筛选或删除切片器
    - 例2：设置让切片器不保留数据源删除的项目

5.1　自　动　筛　选

数据透视表也可以实现筛选查看，设置筛选后，可以只查看需要的数据，隐藏其他数据，方便快速分析查阅。可以设置根据数值、日期等条件精确筛选，也可以模糊筛选出一类数据。本节将按照不同的筛选方式详细地介绍如何进行数据透视表筛选。

5.1.1　使用数据透视表的自动筛选按钮

在数据透视表中，有两种方法可以对字段内容进行筛选，通过数据透视表字段右侧的下拉按钮筛选或者直接在数据透视表中使用快捷菜单进行筛选。使用筛选功能既可以查看数据，也可以隐藏或排除某项。

例1：在数据透视表中筛选查看数据

在添加的行标签或列标签字段的右侧会出现自动筛选按钮，此按钮可以实现快速筛选查看字段下的任意项或任意多项。通过筛选的方式，可以查看隐藏次要数据，突出关键数据，方便分析查看。

❶ 在数据透视表中单击"商品类别"字段右侧的下拉按钮，在下拉菜单中取消"全选"复选框，选中任意想筛选查看的类别前面的复选框，如图5-1所示。

❷ 单击"确定"按钮，即可得出筛选结果，效果如图5-2所示。

图 5-1

> **扩展**
>
> 筛选后的项右侧的下拉按钮都会变成这种形式，通过这个按钮就可判断该报表数据是否为筛选后的数据。

图 5-2

❸ 单击"销售部门"字段右侧的下拉按钮，在下拉菜单中取消"全选"复选框，选中任意想筛选查看的部门前面的复选框，如图 5-3 所示。

❹ 单击"确定"按钮，即可得出筛选结果，效果如图 5-4 所示。

图 5-3

图 5-4

经验之谈

如果添加了多个行标签字段或者列标签字段，默认的数据透视表以压缩形式显示，不便于数据筛选，图 5-5 所示是压缩形式的，在进行筛选时只能对"商品类别"筛选，而无法对"销售部门"筛选，如图 5-6 所示。因此为了更加便于筛选，可以将报表布局更改为表格样式，这样可以完整显示报表的所有字段名称，且右侧都出现下拉按钮，方便打开进入筛选。

图 5-5

图 5-6

例 2：隐藏数据透视表的"（空白）"数据项

当源数据表包含有空白单元格时，创建的数据透视表有可能会出现 "（空白）"，如图 5-7 所示。通过筛选的办法可以进行隐藏。

❶ 单击"产品大类"字段右侧的下拉按钮，在下拉列表框中取消勾选"空白"数据项，如图 5-8 所示。

	A	B	C
1			
2			
3	销售公司	产品大类	求和项:金额(万元)
4	⊟广州公司	高分子类产品	7059.414
5		生物活性类	5431.876
6		（空白）	10402.118
7	广州公司 汇总		22893.408
8	⊟宁波公司	高分子类产品	11704.18
9		生物活性类	1431.41
10		（空白）	16355.074
11	宁波公司 汇总		29490.664
12	⊟武汉公司	高分子类产品	956.001
13		生物活性类	244.33
14		原材料	14.14
15		（空白）	2105.054
16	武汉公司 汇总		3319.525
17	⊟长春公司	高分子类产品	405.26
18		生物活性类	2485
19		（空白）	332.7
20	长春公司 汇总		3222.96
21	总计		58926.557

图 5-7

	A	B	C
1			
2			
3	销售公司	产品大类	求和项:金额(万元)
	↑↓ 升序(S)		7059.414
	↓↑ 降序(O)		5431.876
	其他排序选项(M)... ▶		10402.118
			22893.408
	▽ 从"产品大类"中清除筛选(C)		11704.18
	标签筛选(L) ▶		1431.41
	值筛选(V) ▶		16355.074
			29490.664
	搜索 🔍		956.001
	☐（全选）		244.33
	☑高分子类产品		14.14
	☑生物活性类		2105.054
	☑原材料		3319.525
	☐（空白）		405.26
			2485
			332.7
			3222.96
			58926.557

图 5-8

❷ 单击"确定"按钮，将"（空白）"数据项隐藏，如图 5-9 所示。

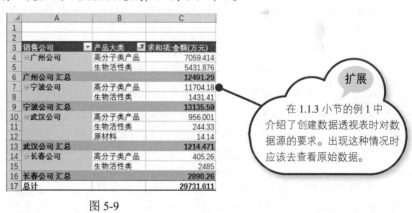

	A	B	C
1			
2			
3	销售公司	产品大类	求和项:金额(万元)
4	⊟广州公司	高分子类产品	7059.414
5		生物活性类	5431.876
6	广州公司 汇总		12491.29
7	⊟宁波公司	高分子类产品	11704.18
8		生物活性类	1431.41
9	宁波公司 汇总		13135.59
10	⊟武汉公司	高分子类产品	956.001
11		生物活性类	244.33
12		原材料	14.14
13	武汉公司 汇总		1214.471
14	⊟长春公司	高分子类产品	405.26
15		生物活性类	2485
16	长春公司 汇总		2890.26
17	总计		29731.611

图 5-9

扩展

在 1.1.3 小节的例 1 中介绍了创建数据透视表时对数据源的要求。出现这种情况时应该去查看原始数据。

例 3：快速排除报表中某个项

通过在字段下面的目标项上右击，执行相关命令可以实现隐藏该项，即实现快速排除此项的显示。如本例报表中要排除"梁思白"这位销售员的统计结果，操作如下：

❶ 选中"梁思白"项，右击，在弹出的快捷菜单中依次选择"筛选"→"隐藏所选项目"命令，如图 5-10 所示。

❷ 执行上述操作后，可以看到所有"梁思白"项被排除了，效果如图 5-11 所示。

图 5-10

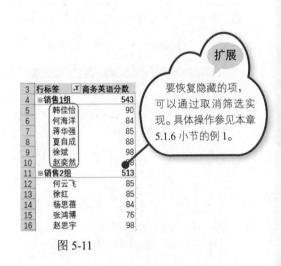

图 5-11

扩展

要恢复隐藏的项，可以通过取消筛选实现。具体操作参见本章 5.1.6 小节的例 1。

5.1.2　值筛选

在数据透视表中，按数值筛选时，可以实现筛选出大于、小于、等于特定值和平均值等的记录，介于某些数值之间的记录，以及排名前几位的记录等。

例 1：筛选出大于特定值的记录

要筛选出大于特定值的记录，可以通过设置行标签或列标签字段的"值筛选"来实现。例如本例中要筛选出营销额大于 300 万元的记录。

❶ 单击"姓名"字段右侧的下拉按钮，在下拉菜单中依次选择"值筛选"→"大于"命令，如图 5-12 所示。

❷ 打开"值筛选（姓名）"对话框，设置"大于"值为"300"，如图 5-13 所示。

❸ 单击"确定"按钮，筛选出"营销额（万）"大于 300 的所有记录，如图 5-14 所示。

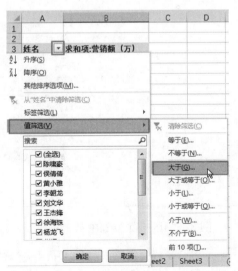

图 5-12

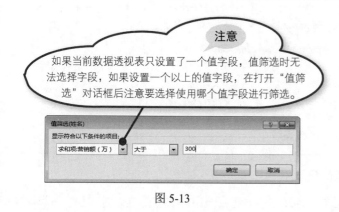

图 5-13

	A	B
1		
2		
3	姓名	求和项:营销额（万）
4	侯倩倩	370.32
5	黄小雅	317.35
6	李朝龙	325.04
7	杨龙飞	314.62
8	赵辉	374.91
9	周伟明	351.81
10	苏成	368.33
11	林丽	398.9
12	总计	2821.28

图 5-14

例 2：筛选出排名前 N 位的记录

要筛选出排名前 N 位的记录，可以通过设置行标签或列标签字段的值筛选来实现。

❶ 单击"行标签"右侧的下拉按钮（当前数据透视表只有一个行标签字段），在下拉菜单中依次选择"值筛选"→"前 10 项"命令，如图 5-15 所示。

❷ 打开"前 10 个筛选（姓名）"对话框，将"显示"的默认值 10 更改为 5，"依据"框中要选择"求和项：沟通与团队"，如图 5-16 所示。

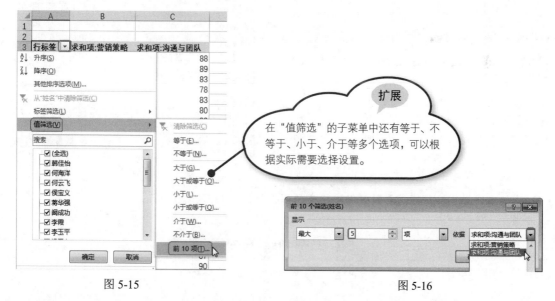

图 5-15

图 5-16

❸ 单击"确定"按钮，筛选出"沟通与团队"成绩排名前 5 位的记录，如图 5-17 所示。

图 5-17

例 3：筛选出大于平均值的记录

要筛选出大于平均值的记录，直接在数据透视表中设置值筛选无法实现，因为其中不提供关于平均值筛选的选项，所以需要在数值区域中执行自动筛选。具体实现操作如下。

❶ 选择数据透视表四周紧邻透视表的任一单元格，在"数据"选项卡的"排序和筛选"组中单击"筛选"按钮，即可为数值字段添加自动筛选，如图 5-18 所示。

❷ 单击"求和项：沟通与团队"值字段右侧的下拉按钮，在下拉菜单中依次选择"数字筛选"→"高于平均值"命令，如图 5-19 所示。

图 5-18

图 5-19

❸ 执行上述操作后，可以看到数据透视表的筛选结果，如图 5-20 所示。

图 5-20

经 验 之 谈

利用值字段自动筛选，需要在报表布局中取消汇总值的显示，否则汇总值也会参与筛选，这样会造成筛选结果可能会不正确。如上例中筛选高于平均值的记录，如果未取消列汇总，则列汇总值也会被计算在内，显然最终筛选的结果就会错误。

5.1.3 日期筛选

在数据透视表中，按日期筛选时，可以筛选出在某个日期之前、之后的记录，或介于某些日期之间的记录，以及今天、明天、后天、本周、上周、下周、本月、上月等的记录，还可以通过特定方法筛选出周六、周日的记录。

例 1：筛选出任意指定日期区间的统计结果

当设置日期字段为行标签或列标签时，可以对按日期对统计的结果进行筛选。当前数据透视表如图 5-21 所示，现在想筛选出 2 月下旬和 3 月上旬的统计数据。

❶ 单击"日期"字段右侧的下拉按钮，鼠标指针依次指向"日期筛选"→"介于"，如图 5-22 所示。

❷ 打开"日期筛选（日期）"对话框，设置界定的日期范围，如图 5-23 所示。

图 5-21

图 5-22

❸ 单击"确定"按钮即可筛选出介于 2019/2/16 到 2019/3/15 之间的数据，如图 5-24 所示。

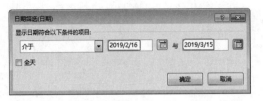

图 5-23

	A	B	C
1			
2			
3	类别	日期	求和项:金额
4	⊟办用品采购费	2月23日	555
5	⊟包装费	2月22日	69.6
6		3月5日	1487
7		3月15日	743.5
8	⊟差旅费	2月24日	506
9		3月12日	284.5
10		3月13日	520
11	⊟设计费	3月2日	2284.5
12		3月6日	2295
13	总计		8745.1

图 5-24

例 2：筛选出本月支出记录

日期数据可以自动按照周、月份、季度、年份等汇总，因此可以利用筛选功能快速筛选出本月、上月、下季度等的统计记录。例如在本例中要筛选出本月的支出记录清单。图 5-25 所示为建立的数据透视表，要将这张数据透视表中本月的记录筛选出来（当前月份为 3 月）。

❶ 单击“日期”字段右侧的下拉按钮，鼠标指针依次指向“日期筛选”→“本月”，如图 5-26 所示。

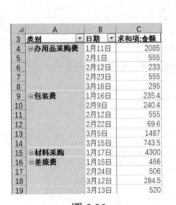

	A	B	C
3	类别	日期	求和项:金额
4	⊟办用品采购费	1月11日	2085
5		2月1日	555
6		2月12日	233
7		2月23日	555
8		3月16日	295
9	⊟包装费	1月16日	235.4
10		2月9日	240.4
11		2月12日	555
12		2月22日	69.6
13		3月5日	1487
14		3月15日	743.5
15	⊟材料采购	1月17日	4300
16	⊟差旅费	1月15日	456
17		2月24日	506
18		3月12日	284.5
19		3月13日	520

图 5-25

扩展

级联菜单中像今天、本周、本月、本季度等筛选条件会随着当前日期的变化而变化。每次刷新数据透视表后，统计结果会自动根据当前日期更新。

图 5-26

❷ 执行上述操作后，得到的筛选结果如图 5-27 所示（本月的数据）。

	A	B	C	D
3	类别	日期	求和项:金额	
4	⊟办用品采购费	3月16日	295	
5	⊟包装费	3月5日	1487	
6		3月15日	743.5	
7	⊟差旅费	3月12日	284.5	
8		3月13日	520	
9	⊟设计费	3月2日	2284.5	
10		3月6日	2295	
11	总计		7909.5	

图 5-27

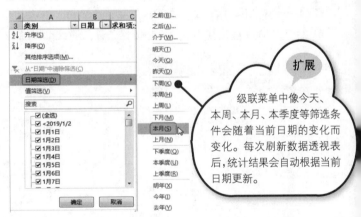

例 3：筛选出任意指定月份的统计结果

按照上一实例中的操作方法可以快速筛选出本月、上月、下季度等的统计记录。但如果想任意指定要筛选的月份则无法实现。此时需要按如下方法操作。图 5-28 所示为建立的数据透视表，要将这张数据透视表中 2 月的记录筛选出来。

❶ 单击行标签右侧的下拉按钮，鼠标指针依次指向"日期筛选"→"期间所有日期"→"二月"，如图 5-29 所示。

图 5-28

图 5-29

> **扩展**
> 除了按月筛选外，程序还会自动按季度分组统计，从而按季度筛选查看数据。

❷ 执行上述操作后，得到的筛选结果如图 5-30 所示（2 月的数据）。

	A	B	C	D
3	类别	日期	求和项:金额	
4	办用品采购费	2月1日	555	
5		2月12日	233	
6		2月23日	555	
7	包装费	2月9日	240.4	
8		2月12日	555	
9		2月22日	69.6	
10	差旅费	2月24日	506	
11	设计费	2月2日	1269.6	
12		2月4日	2506	
13	邮寄	2月5日	78	
14		2月15日	78	
15	总计		6645.6	

图 5-30

例 4：筛选出周六、周日的数据记录

本例中设置了日期为行标签字段，要求筛选出周六、周日的统计结果。要实现此筛选要求，需要通过更改日期的显示格式，再通过搜索筛选器变向实现，具体操作方法如下。

❶ 单击"日期"字段下的任意项，在"数据透视表工具→分析"选项卡的"活动字段"组中单击"字段设置"按钮，如图 5-31 所示。

❷ 打开"字段设置"对话框，单击"数字格式"按钮，如图 5-32 所示。

图 5-31

图 5-32

❸ 打开"设置单元格格式"对话框，单击左侧"分类"列表框中的"日期"项，然后在右侧的"类型"列表框中选中"周三"项，如图 5-33 所示。

❹ 单击"确定"按钮，设置后的数据透视表如图 5-34 所示（日期已显示为星期）。

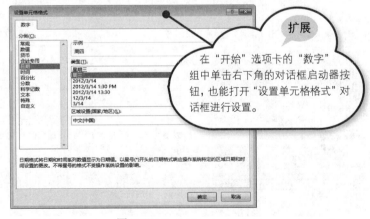

图 5-33

扩展

在"开始"选项卡的"数字"组中单击右下角的对话框启动器按钮，也能打开"设置单元格格式"对话框进行设置。

图 5-34

❺ 单击"日期"字段右侧的下拉按钮，打开下拉菜单，在搜索框中输入"周六"，如图 5-35 所示。

❻ 单击"确定"按钮，完成一次筛选。重复上一步，在搜索框中输入"周日"，勾选"将当前所选内容添加到筛选器"复选框，如图 5-36 所示。

❼ 单击"确定"按钮，筛选出周六、周日的统计结果，如图 5-37 所示。

图 5-35

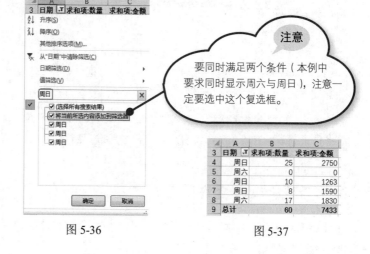

注意

要同时满足两个条件（本例中要求同时显示周六与周日），注意一定要选中这个复选框。

图 5-36

图 5-37

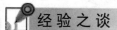
经验之谈

值筛选与数值区域自动筛选是有区别的，通过如下分析，读者应学会灵活地选择使用。

在对数据透视表值进行筛选时，一般是采用值筛选与数值区域自动筛选两种方式。因此需要掌握这两种方式间的区别。

（1）"值筛选"的对象是数据透视表，且筛选可以自动区别列总计，图 5-38 所示"姓名"前还有"班级"字段，筛选结果可以自动识别显示出正确班级及对应的满足条件的记录。自动筛选的对象是单元格，不仅限于数据透视表范围，执行筛选时，列总计也会作为筛选区域中的一项，并且双字段时会造成显示错位，如图 5-39 所示。

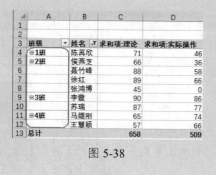

图 5-38

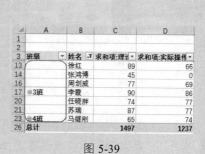

图 5-39

　　（2）采用"值筛选"方式执行筛选时，数据透视表直接删除不满足条件的记录，行号保持连续，如图 5-40 所示。而在数值区域执行自动筛选时，不满足条件的记录整行隐藏，数据透视表所在行号可能不连续，如图 5-41 所示。

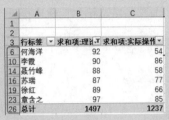

图 5-40　　　　　　　　　　　　　图 5-41

　　（3）当数据源更新时，执行"值筛选"的数据透视表可通过刷新获得最新的数据透视结果，而数值区域执行自动筛选的数据透视表无法获得最新透视结果。

5.1.4　"与""或"条件筛选

　　在数据透视表中，按条件筛选可筛选出同时满足双条件的记录，也可筛选出满足某些条件之一的记录，即"与""或"条件筛选。

例 1：同时满足双条件筛选

　　当前数据透视表如图 5-42 所示，现在想得到的筛选结果为"产品名称"中包含"唐卡"且"金额"大于 50000 的统计结果，如图 5-43 所示。

图 5-42　　　　　　　　　　　　　图 5-43

　　❶ 单击"产品名称"字段右侧的下拉按钮，鼠标指针依次指向"标签筛选"→"包含"，如图 5-44 所示。

❷ 打开"标签筛选（产品名称）"对话框，设置"包含"值为"唐卡"，如图 5-45 所示。

图 5-44   图 5-45

❸ 单击"确定"按钮可以看到一次筛选结果，如图 5-46 所示。

❹ 单击"产品名称"字段右侧的下拉按钮，鼠标指针依次指向"值筛选"→"大于"，如图 5-47 所示。

图 5-46   图 5-47

❺ 设置筛选字段为"求和项：金额"，值为"大于"50000，如图 5-48 所示。

❻ 单击"确定"按钮即可得出需要的筛选结果。

扩展

单击筛选字段下拉按钮，即可在展开的字段列表中选择将此筛选针对哪个值的字段。

图 5-48

例2："或"条件筛选

当前数据透视表中"产品名称"下包含众多数据，如图 5-49 所示。现在想将产品名称中包含"保湿"或"紧致"的记录都筛选出来，效果如图 5-52 所示。

❶ 单击"产品名称"字段右侧的下拉按钮，弹出下拉菜单，在搜索筛选器中输入"保湿"，如图 5-50 所示。

图 5-49

图 5-50

❷ 单击"确定"按钮，得出一次筛选结果。再次单击"产品名称"字段右侧的下拉按钮，在搜索筛选器中输入"紧致"，选中"将当前所选内容添加到筛选器"复选框，如图 5-51 所示。

❸ 单击"确定"按钮，即可筛选出 "保湿"或"紧致"的记录，如图 5-52 所示。

图 5-51

图 5-52

5.1.5　模糊筛选

在数据透视表中，模糊筛选是筛选出某一类数据。可利用行标签或报表筛选字段进行模糊筛选，还可以利用搜索筛选器筛选。

例1：设置标签筛选得出一类数据

针对文本字段可以通过设置"包含"条件来实现模糊筛选，即筛选出某一类数据。例如图 5-53 所示的数据透视表，要求筛选出"实验班"的统计结果。

❶ 单击行标签右侧的下拉按钮，鼠标指针依次指向"标签筛选"→"包含"，如图 5-54 所示。

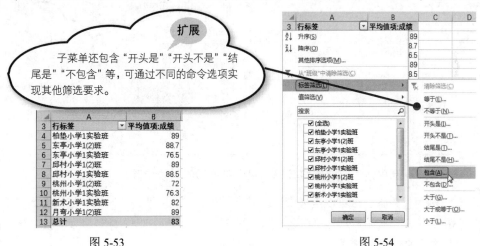

　　扩展

　　子菜单还包含"开头是""开头不是""结尾是""不包含"等，可通过不同的命令选项实现其他筛选要求。

图 5-53　　　　　　　　　　　　　　图 5-54

❷ 打开"标签筛选（班级）"对话框，设置"包含"值为"实验班"，如图 5-55 所示。

❸ 单击"确定"按钮，筛选结果如图 5-56 所示。

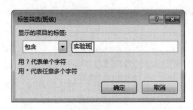

图 5-55

图 5-56

例2：利用搜索筛选器筛选

利用搜索筛选器也可以实现"包含"式的模糊筛选。当前数据透视表中分比赛项目对每班比赛得分进行了汇总，需要筛选出高二年级的统计结果。

❶ 单击"班级"字段右侧的下拉按钮，弹出下拉菜单，在搜索筛选器中输入"高二"，如图 5-57 所示。

❷ 单击"确定"按钮即可得出筛选结果，如图 5-58 所示。

图 5-57

图 5-58

扩展

可以看到筛选结果中包含"高二"的各个班级。

例 3：利用搜索筛选器将筛选结果中某类数据再次排除

利用搜索筛选器可以实现筛选出某类结果，然后再按条件对筛选结果进行筛选。如本例中要求从"产品名称"中筛选出包含"紧致"的记录，如图 5-59 所示，然后再排除"产品名称"中包含"清透"的记录，如图 5-60 所示。

图 5-59

图 5-60

❶ 单击"产品名称"字段右侧的下拉按钮，弹出下拉菜单，在搜索筛选器中输入"紧致"，如图 5-61 所示。

❷ 单击"确定"按钮得出一次筛选结果。再次单击"产品名称"字段右侧的下拉按钮，在搜索筛选器中输入"清透"，取消勾选列表中"选择所有搜索结果"复选框，勾选"将当前所选内容添加到筛选

器"复选框，如图 5-62 所示。

图 5-61   图 5-62

❸ 单击"确定"按钮，即可得到满足条件的筛选结果。

例 4：设置报表筛选字段的模糊筛选

图 5-63 所示统计了所有日期中各个产品的销售数量和金额，现在只想统计出 4 月份的产品销售情况，即得到图 5-64 所示的统计结果。要达到这一筛选目的可对筛选字段进行模糊筛选。

产品名称	求和项:数量	求和项:金额
日期	(全部)	
精纯弹力眼精华	70	6992
毛孔紧致清透礼盒	24	6432
毛孔紧致清透乳液	20	2570
毛孔清透洁面乳	36	4992
特效滋养霜	8	448
雅姿®保湿顺发喷雾	10	470
雅姿®深层修护润发乳	46	5390
阳光防护凝露	20	2050
珍珠白赋活霜	38	3324
珍珠白晶彩焕颜修容霜	26	2330
珍珠白亮采紧致眼部菁华	4	468
珍珠白周护理套装	8	1574
总计	310	37040

图 5-63

行标签	求和项:数量	求和项:金额
日期	(多项)	
精纯弹力眼精华	50	5212
毛孔紧致清透礼盒	12	3216
毛孔紧致清透乳液	15	1880
毛孔清透洁面乳	18	2496
特效滋养霜	4	224
雅姿®保湿顺发喷雾	5	235
雅姿®深层修护润发乳	23	2695
阳光防护凝露	10	1025
珍珠白赋活霜	4	320
珍珠白晶彩焕颜修容霜	11	1067
珍珠白亮采紧致眼部菁华	2	234
珍珠白周护理套装	4	787
总计	158	19391

图 5-64

❶ 单击"日期"字段右侧的下拉按钮，弹出下拉菜单，默认包含所有日期选项，如图 5-65 所示。在搜索筛选器中输入"4/"，勾选"选择多项"复选框，再勾选列表中"选择所有搜索结果"复选框，如图 5-66 所示。

图 5-65

图 5-66

❷ 单击"确定"按钮得出筛选结果。

5.1.6 删除筛选

在数据透视表中设置了筛选后，不需要时可以将其删除。既可以全部删除，也可以删除指定字段的筛选。

例1：清除筛选

在数据筛选查看结果后，可以快速清除筛选，恢复数据透视表的显示。

在数据透视表中，选中筛选结果中的任意单元格，切换至"数据透视表工具→分析"选项卡的"操作"组中，单击"清除"按钮，在下拉列表中选择"清除筛选"命令即可，如图 5-67 所示。

图 5-67

例2：清除指定字段的筛选

当为多个字段设置筛选后，如果只想清除某个字段的筛选，可按以下方法操作。

设置了筛选字段的右侧都会出现一个 按钮，单击此按钮，在下拉菜单中选择"从'产品名称'中清除筛选"命令即可，如图 5-68 所示。

图 5-68

5.2 切片器筛选

Excel 中针对数据的筛选专门提供了一个切片器功能，此功能为数据的筛选提供了很大的便利。本节将详细介绍如何在数据透视表中插入切片器、如何使用切片器进行高级筛选及其相关设置。

5.2.1 插入切片器

插入切片器后既可以对单个字段进行筛选，也可以实现同时对多项数据的筛选。

例 1：插入切片器进行单个字段筛选

本例要求从报表中筛选出指定年份的统计结果。通过插入切片器筛选，只要在切片器上单击年份即可快速查看指定年份的销售数据。

❶ 在数据透视表中选中任一单元格，切换到"数据透视表工具→分析"选项卡的"排序和筛选"组中，单击"插入切片器"按钮，如图 5-69 所示。

❷ 在弹出的"插入切片器"对话框中选中需要添加的筛选字段，本例中需要添加的是"年份"字段，如图 5-70 所示。

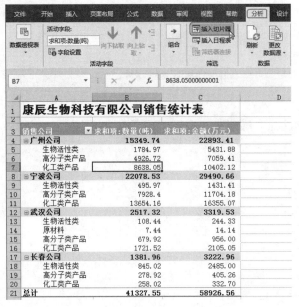

图 5-69

图 5-70

❸ 单击"确定"按钮，即可添加"年份"切片器。在切片器中选中需要查看的项，数据透视表即筛选出结果。图 5-71 所示选中了"2018 年"，数据透视表中给出了 2018 年的销售统计结果。

图 5-71

例 2：添加切片器实现同时多项数据筛选

在切片器中并非只能筛选单项数据，还可以选择筛选出多项数据。例如下面的例子中要求从报表中同时筛选出多个年份的统计结果。

❶ 沿用上一例，图 5-71 所示已经添加了"年份"切片器，现在想筛选出"2016 年"和"2018 年"的统计结果。首先单击"2016 年"，然后按住 Ctrl 键不放，鼠标指针指向"2018 年"，如图 5-72 所示。

图 5-72

❷ 单击鼠标并释放 Ctrl 键，数据透视表中筛选出了两年的统计结果，如图 5-73 所示。

	A	B	C	D	E
1	康辰生物科技有限公司销售统计表				
2					
3	销售公司	求和项:数量(吨)	求和项:金额(万元)		
4	⊟广州公司	10748.04	16071.25		
5	生物活性类	1288.42	3877.94		
6	高分子类产品	3524.09	5027.21		
7	化工类产品	5935.53	7166.10		
8	⊟宁波公司	16582.14	22342.89		
9	生物活性类	356.55	993.62		
10	高分子类产品	6713.68	9956.11		
11	化工类产品	9511.91	11393.16		
12	⊟武汉公司	1747.28	2325.92		
13	生物活性类	71.61	164.78		
14	原材料	7.44	14.14		
15	高分子类产品	458.37	640.71		
16	化工类产品	1209.86	1506.28		
17	⊟长春公司	917.37	2199.78		
18	生物活性类	535.39	1670.26		
19	高分子类产品	206.65	305.62		
20	化工类产品	175.33	223.90		
21	总计	29994.83	42939.84		

图 5-73

5.2.2 切片器高级筛选

使用切片器高级筛选功能既可以实现同时满足多条件的筛选，也可以同步筛选两个数据透视表。

例 1：添加切片器实现同时满足多条件的筛选

如果添加多个字段的切片器，则可以很方便地实现多重筛选，即筛选出同时满足多条件的结果。

❶ 在数据透视表中选中任一单元格，切换到"数据透视表工具→分析"选项卡的"排序和筛选"组中，单击"插入切片器"按钮，在弹出的"插入切片器"对话框中选中需要的筛选字段，可以同时选中多个，如图 5-74 所示。

❷ 单击"确定"按钮，即可插入多个切片器，如图 5-75 所示。

扩展

选择的筛选字段不要与报表中已选重复。

图 5-74

图 5-75

❸ 同时在多个切片器中选择，可以实现满足多条件的筛选，同时选中"2017 年"和"宁波公司"，筛选出的是 2017 年宁波公司的销售数据，如图 5-76 所示。

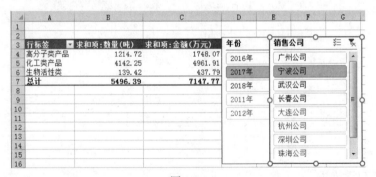

图 5-76

例 2：通过切片器同步筛选两个数据透视表

当前表格中包含利用同一数据源创建的两个数据透视表，一个是统计各名称产品的总数量与总金额，一个是统计各销售员的总数量与总金额，如图 5-77 所示。现在想添加切片器，实现同步筛选两个数据透视表，其实现方法如下。

❶ 选中任意一个数据透视表，为其添加“销售部门”切片器，如图 5-77 所示。

行标签	求和项:数量	求和项:销售金额
陈苒欣	528	9157.47
崔丽	669	11454.92
丁红梅	472	3427.48
何海洋	118	1909.39
侯燕芝	522	4005.46
江梅子	538	3948.65
李霞	440	9473.12
苏瑞	398	3995.54
徐红	612	17243.12
伊一	200	1659.17
张鸿博	363	4706.6
张文娜	735	17422.96
邹丽雪	755	29665.75
总计	6350	118069.63

行标签	求和项:数量	求和项:销售金额
图书	1469	42160.43
玩具	2994	40217.23
文具	1887	35691.97
总计	6350	118069.63

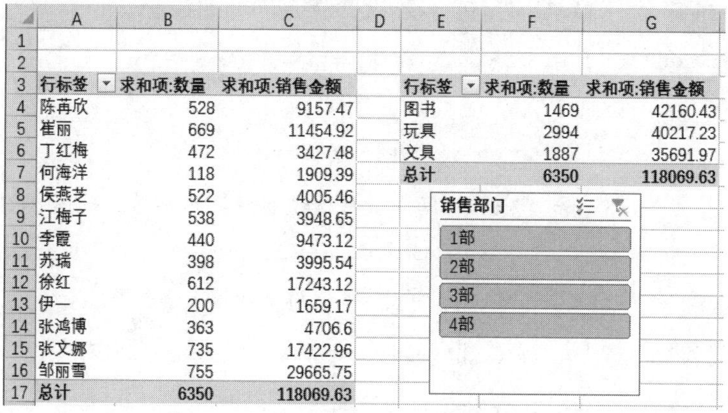

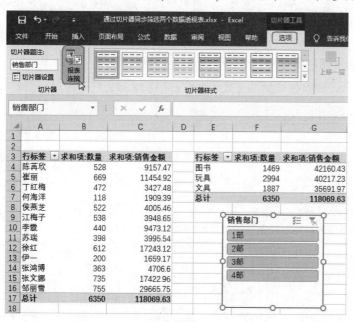

图 5-77

❷ 选中切片器，切换至“切片器工具→选项”选项卡的“切片器”组中，单击“报表连接”按钮，如图 5-78 所示。

❸ 打开“数据透视表连接(销售部门)”对话框，将两个复选框都选中，如图 5-79 所示。

图 5-78

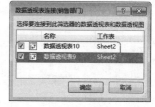

图 5-79

❹ 单击“确定”按钮完成设置。在切片器中选中“1 部”，两个数据透视表将同步筛选，如图 5-80 所示。

图 5-80

❺ 在切片器中选中"1部"和"2部"，两个数据透视表将同步筛选，如图 5-81 所示。

图 5-81

5.2.3 切片器设置

使用切片器筛选时往往会遇到一些困难，例如，如何不显示数据源已经删除的项目，以及如何删除在切片器中进行的筛选或者不需要某项切片器时如何删除，本小节都将一一给出解决办法。

例 1：清除筛选或删除切片器

在使用切片器筛选后，如果想清除筛选或是直接删除切片器，可以通过下面的方法实现。

❶ 清除筛选。单击切片器，使其处于选中状态，单击右上角的按钮，即可清除筛选，如图 5-82 所示。

❷ 删除切片器。在切片器上右击，在弹出的快捷菜单中选择"删除'销售公司'"命令即可删除切片器，如图 5-83 所示。

图 5-82

图 5-83

扩展

选中切片器，按 Delete 键也可删除。

例 2：设置让切片器不保留数据源删除的项目

当前切片器如图 5-84 所示，可以看到包含"李玉平"这个姓名，现在由于李玉平退出了本次测试，因此在原数据表中将此人数据删除，但刷新数据透视表后却看到"姓名"切片器中仍然包含此项，如图 5-85 所示。现在要求将其从切片器中彻底删除。

图 5-84

图 5-85

❶ 单击"姓名"切片器，切换至"切片器工具→选项"选项卡的"切片器"组中，单击"切片器设置"按钮，打开"切片器设置"对话框。

❷ 取消勾选"显示从数据源删除的项目"复选框，如图 5-86 所示。

❸ 单击"确定"按钮，完成切片器的设置。回到切片器中可以看到已删除的姓名从切片器中彻底清除，如图 5-87 所示。

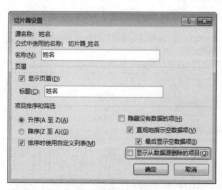

图 5-86

图 5-87

第 6 章

数据透视表字段分组

数据透视表字段分组

6.1 自动分组

- 6.1.1 按数值分组统计
  - 例1：统计成绩表中各分数段的人数
  - 例2：按工龄分组统计各工龄段的员工人数
- 6.1.2 按日期分组统计
  - 例1：将费用支出金额按月汇总
  - 例2：按周分组汇总产量
  - 例3：按小时分组统计生产量
  - 例4：同时按年、季度、月份分组汇总销售额
  - 例5：按上旬、中旬、下旬分组汇总

6.2 手动分组

- 6.2.1 按数值手动分组
  - 例：对考核成绩按分数段给予等级
- 6.2.2 按日期手动分组
  - 例：按半年分组汇总
- 6.2.3 文本字段的手动分组
  - 例1：统计同一乡镇补贴金额汇总值
  - 例2：设置列标签按季度汇总

6.3 取消分组及无法分组原因分析

- 6.3.1 全局取消组合
- 6.3.2 局部取消手动组合
- 6.3.3 无法分组的几个原因
  - 例1：组合字段数据类型不一致导致分组失败
  - 例2：日期数据格式不正确导致分组失败

6.1　自　动　分　组

数据透视表字段也能分组，可以设置为按数值或日期分组。对字段进行分组是指对过于分散的统计结果进行分段、分类等统计，从而获取某一类数据的统计结果。

6.1.1　按数值分组统计

在数据透视表中，按数值分组可以快速统计各个数据段的人数，例如，统计成绩表中各分数段的人数或者按工龄分组统计各工龄段的员工人数等。

例 1：统计成绩表中各分数段的人数

数据透视表中按成绩值统计了各个分数对应的人数，这样的统计结果很分散，也无法判断出学生整体的成绩水平。因此需要对成绩分段显示，从而直观地查看各分数段的学生人数。

❶ 在值字段框中单击"所在班级"右侧的下拉按钮，选择"值字段设置"命令，如图 6-1 所示，打开"值字段设置"对话框。

	A	B
3	理论成绩	所在班级
4	66	2
5	69	2
6	74	4
7	76	2
8	77	10
9	85	4
10	87	4
11	88	4
12	89	6
13	90	4
14	92	2
15	97	2
16	67	2
17	68	2
18	75	4
19	82	2
20	73	2
21	总计	58

图 6-1

❷ 设置"自定义名称"为"人数"，重新选择计算类型为"计数"，如图 6-2 所示。

❸ 选中"理论成绩"字段下的任意项，在"数据透视表工具→分析"选项卡的"组合"组中单击"分组选择"按钮，如图 6-3 所示。

图 6-2

图 6-3

❹ 打开"组合"对话框，在"起始于"后的文本框中输入"60"，在"终止于"后的文本框中输入 "100"，在"步长"后的文本框输入"10"，如图 6-4 所示。

❺ 单击"确定"按钮，此时即可看到在整个成绩列表中各个分数段中各有几人，效果如图 6-5 所示。

图 6-4

	A	B
1		
2		
3	理论成绩 ▽	人数
4	60~69	8
5	70~79	22
6	80~89	20
7	90~100	8
8	总计	58

图 6-5

例 2：按工龄分组统计各工龄段的员工人数

当前数据表中记录了每位员工的工龄，现在想分析该企业员工的稳定程度，即查看各个工龄段的人数。通过如下操作可以实现这一目的。

❶ 在数据透视表中，以"工龄"列的数据创建一个数据透视表，并设置"工龄"字段分别为行标签与数值字段，如图 6-6 所示。

❷ 在"值"字段框中单击"工龄"右侧的下拉按钮，选择"值字段设置"命令，打开"值字段设置"对话框。

图 6-6

❸ 设置"自定义名称"为"人数",重新选择计算类型为"计数",如图 6-7 所示。

❹ 选中"工龄"字段下的任意项,在"数据透视表工具→分析"选项卡的"组合"组中单击"分组选择"按钮,如图 6-8 所示。

图 6-7

图 6-8

❺ 打开"组合"对话框,在"步长"后的文本框输入"3",如图 6-9 所示。

❻ 单击"确定"按钮,即可看到各年龄段中各有多少人,效果如图 6-10 所示。通过分组后的结果可以看到该企业员工中工龄为 12~14 年的人数居多,说明该企业人员比较稳定。

图 6-9

图 6-10

6.1.2 按日期分组统计

在数据透视表中，按日期分组时，可以对统计结果按小时、日、周、月、季度等分组汇总，还可以按月、旬分组统计。

例 1：将费用支出金额按月汇总

数据透视表中按费用的报销日期统计了支出费用金额（其中一个月中包含多个报销日期），用户可以根据需要将费用支出按月汇总。

❶ 选中"报销日期"标识下的任意单元格，切换到"数据透视表工具→分析"选项卡的"组合"组中单击"分组选择"按钮，如图 6-11 所示。

❷ 打开"组合"对话框，在"步长"列表中选中"月"，如图 6-12 所示。

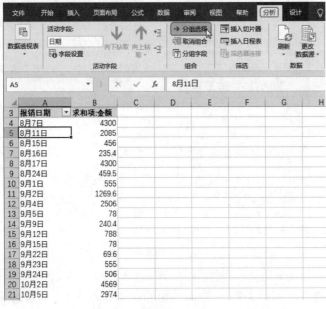

图 6-11

图 6-12

❸ 单击"确定"按钮，即可以看到数据透视表按月汇总的统计结果，如图 6-13 所示。

报销日期	求和项:金额	
8月	11835.9	
9月	6645.6	
10月	15819	
11月	12754.9	
12月	6645.6	
总计	53701	

图 6-13

例 2：按周分组汇总产量

当前数据透视表中按日统计了白班与夜班的生产量，现在想统计出每一周中白班与夜班的生产量。要达到这一统计目的，可以将当前以日来统计的数据透视表设置以周分组。

❶ 选中"日期"字段下的任意项，在"数据透视表工具→分析"选项卡的"组合"组中单击"分组字段"按钮，如图 6-14 所示。

图 6-14

注意一定要准确选中"日期"字段下的任意项，否则"字段分组"按钮将呈现灰色。

❷ 打开"组合"对话框，在"步长"列表框中单击"日"选项，然后在"天数"设置框中输入"7"，如图 6-15 所示。

❸ 单击"确定"按钮，得到的数据透视表如图 6-16 所示。

图 6-15

图 6-16

例 3：按小时分组统计生产量

当前的报表中按时间统计了各个时间点的生产数量，这样数据非常繁多，达不到统计的目的。下面通过分组可以统计出每小时的生产量总计数。

❶ 打开数据透视表，选中"时间"字段下的任意项，在"数据透视表工具→分析"选项卡的"组合"组中单击"分组选择"按钮，如图 6-17 所示。

❷ 打开"组合"对话框，在"步长"列表框中选中取消默认的"月"，选中"小时"，完成分组条件的设置，如图 6-18 所示。

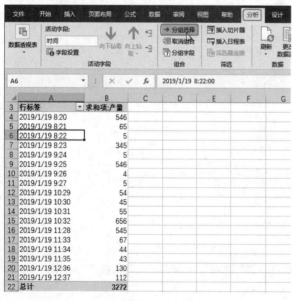

图 6-17

图 6-18

扩展

对于时间型数据，数据透视表提供了更多的组合选项，可以按秒、分、小时多种单位进行分组。

❸ 单击"确定"按钮，此时可以看到数据透视表显示每小时的生产总量，如图 6-19 所示。

行标签	求和项:产量
8时	961
9时	560
10时	810
11时	699
12时	242
总计	3272

图 6-19

例 4：同时按年、季度、月份分组汇总销售额

如果数据表中日期数据包含不同年份、不同季度、不同月份，可以设置同时按年、季度、月份分组，这样可以让统计数据更加便于分析查看。

❶ 选中"月份"字段下的任意项，在"数据透视表工具→分析"选项卡的"组合"组中单击"分组选择"按钮，如图 6-20 所示。

❷ 打开"组合"对话框，在"步长"列表中同时选中"月""季度""年"选项，如图 6-21 所示。

图 6-20

注意

Excel 会根据数据透视表内容自动选中步长，如果没有，可依次单击选中。

图 6-21

❸ 单击"确定"按钮完成分组。数据透视表中的统计结果自动按年、季度、月分组显示，如图 6-22 所示。

月份	求和项:数量（吨）	求和项:金额（万元）
⊟2018年	988.42	1707.706
⊟第一季	235.39	314.49
1月	82.77	117.622
2月	71.05	89.858
3月	81.57	107.01
⊟第二季	179.51	246.824
4月	53.34	75.394
5月	63.98	85.67
6月	62.19	85.76
⊟第三季	209.21	320.59
7月	57.4	85.34
8月	73.96	119.7
9月	77.85	115.55
⊟第四季	364.31	825.802
10月	154.64	400.812
11月	105.53	221.35
12月	104.14	203.64
⊟2019年	146.91	403.68
⊟第一季	146.91	403.68
1月	76.33	203.6
2月	70.58	200.08
总计	1135.33	2111.386

图 6-22

例 5：按上旬、中旬、下旬分组汇总

当前表格如图 6-23 所示，现在想建立数据透视表达到如图 6-24 所示的统计结果。在对日期进行分组时，默认不可以按旬分组。因此，可以通过如下技巧变向按旬分组。

	A	B
1	日期	销量
2	2019/1/10	163
3	2019/1/10	133
4	2019/1/11	143
5	2019/1/11	63
6	2019/1/12	143
7	2019/1/12	73
8	2019/1/15	683
9	2019/1/15	160
10	2019/1/16	210
11	2019/1/16	310
12	2019/1/17	250
13	2019/1/17	200
14	2019/1/18	280
15	2019/1/19	220
16	2019/1/19	300
17	2019/1/23	230
18	2019/1/23	160
19	2019/1/24	160
20	2019/1/24	240
21	2019/1/25	230

图 6-23

所属月旬	求和项:销量
1月上旬	296
1月下旬	1940
1月中旬	3035
2月上旬	3483
2月下旬	1980
2月中旬	2793
3月上旬	1278
3月下旬	3464
3月中旬	2335
总计	20604

图 6-24

❶ 在原数据表中选中 C2 单元格，在公式编辑栏中输入公式：=MONTH(A2)&"月"&TEXT(DAY(A2),"[>20]下旬;[>10]中旬;上旬")，按 Enter 键，则根据 A2 单元格日期返回其为几月几旬，如图 6-25 所示。

❷ 选中 C2 单元格，鼠标指针指向右下角，当出现黑色十字型时按住鼠标左键向下拖动进行公式填充，即可依次返回 A 列中日期对应的月数与旬数，如图 6-26 所示。

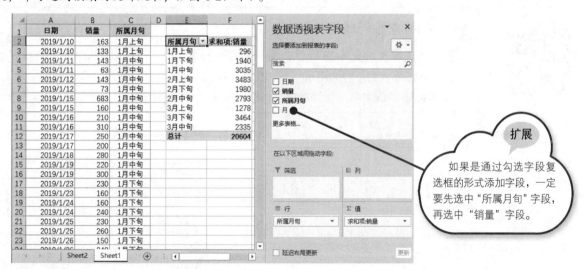

图 6-25

图 6-26

❸ 以 A、B、C 三列的数据创建数据透视表,设置"所属月旬"为行标签字段,"销量"为数值字段,即可达到预期的统计效果,如图 6-27 所示。

图 6-27

 经 验 之 谈

下面解释一下本例中使用的公式:

=MONTH(A2)&"月"&TEXT(DAY(A2),"[>20]下旬;[>10]中旬;上旬")

➥　MONTH 函数用于返回以序列号表示的日期中的月份。

➡ DAY 函数用于返回以序列号表示的日期中的天数。

➡ TEXT 函数主要用于将数值转换为按指定数字格式表示的文本。

因此公式的意义实际是先提取日期中的月份数，然后使用 DAY 函数提取日期中的天数，再使用 TEXT 函数返回对应用的格式的文本，即天数如果大于 20 返回"下旬"、大于 10 返回"中旬"，否则返回"上旬"。

6.2　手　动　分　组

如果 Excel 预设的分组规则无法满足需求，还可以手动分组。手动分组也可以按数值、日期或文本进行分组，但分组的规则可以自己定义。

6.2.1　按数值手动分组

如果对数值执行自动分组，则只能按统一的步长去分组，如果想很自由地按分析目的去分组，则可以进行手动分组。

例：对考核成绩按分数段给予等级

当前数据透视表如图 6-28 所示。要求按统计分数划分等级，以便于统计出各个等级的总人数。具体要求为："200~160"标"优秀"、"159~120"标"良好"、"119~90"标"合格"、"89 及以下"标"补考"，即达到如图 6-29 所示的最终结果。

图 6-28

图 6-29

❶ 在"总分"字段下面选中大于160分的所有项,在"数据透视表工具→分析"选项卡的"组合"组中单击"分组选择"按钮,如图6-30所示。

图6-30

❷ 此时数据透视表增加了一个名称为"总分 2"的字段,且增加了一个名为"数据组 1"的分组。按F2键,更改该分组名称为"优秀",如图6-31所示。

	A	B	C	D
3	总分2	总分	分部名称	计数项:姓名
4	优秀	⊟182	卢阳分部	1
5			蜀山分部	1
6		⊟171	包河分部	1
7		⊟164	卢阳分部	1
8		⊟162	经开分部	1
9	⊟151	⊟151	卢阳分部	2
10	⊟149	⊟149	包河分部	1
11	⊟146	⊟146	经开分部	3
12			蜀山分部	1
13	⊟139	⊟139	包河分部	1
14	⊟123	⊟123	包河分部	1
15	⊟120	⊟120	经开分部	1
16	⊟118	⊟118	蜀山分部	1
17	⊟117	⊟117	蜀山分部	1
18	⊟112	⊟112	经开分部	1
19	⊟102	⊟102	经开分部	2
20			蜀山分部	1
21	⊟93	⊟93	蜀山分部	1
22	⊟90	⊟90	卢阳分部	1
23	⊟88	⊟88	卢阳分部	1
24	⊟71	⊟71	经开分部	1

图6-31

❸ 按照上面的方法按分数段进行手动分组，得到如图 6-32 所示的结果。

❹ 在"数据透视表字段列表"任务窗格的字段列表中取消勾选"总分"字段的复选框，并将"总分2"字段名称修改为"考核评级"，如图 6-33 所示。

图 6-32

图 6-33

❺ 在"数据透视表工具→设计"选项卡的"布局"组中单击"分类汇总"按钮，选择"在组的底部显示所有分类汇总"，如图 6-34 所示。执行上述操作后即可达到如图 6-29 所示的统计结果。

图 6-34

6.2.2 按日期手动分组

日期数据可以实现按年、月、季度等自动分组，但却没有按半年分组的选项，因此要实现将数据按半年汇总，则可以手动分组。

例：按半年分组汇总

当前数据透视表如图 6-35 所示，要求对一年中的数据按半年进行汇总统计，即达到如图 6-36 所示的统计结果。

	A	B	C
1			
2			
3	类别	日期	求和项:金额
4	⊟办用品采购费	1/30	185
5		2/28	459.5
6		3/30	233
7		4/30	555
8		5/30	295
9		6/30	4300
10		7/30	555
11		8/30	2506
12		9/30	2295
13		10/30	78
14		11/30	4300
15	办用品采购费 汇总		15761.5
16	⊟包装费	1/30	235.4
17		2/28	568
18		3/30	451
19		4/30	1200
20		5/30	555
21		6/30	546

图 6-35

	A	B	C
1			
2			
3	类别	年度	求和项:金额
4	⊟办用品采购费	上半年	6027.5
5		下半年	9734
6	办用品采购费 汇总		15761.5
7	⊟包装费	上半年	3555.4
8		下半年	6202.5
9	包装费 汇总		9757.9
10	⊟差旅费	上半年	1075
11		下半年	776
12	差旅费 汇总		1851
13	⊟设计费	上半年	1729.1
14	设计费 汇总		1729.1
15	总计		29099.5

图 6-36

❶ 在"日期"字段下面选中前半年的所有项（即 1—6 月的日期），在"数据透视表工具→分析"选项卡的"组合"组中单击"分组选择"按钮，如图 6-37 所示。

❷ 此时数据透视表中增加了一个名称为"日期2"的字段，且增加了一个名为"数据组1"的分组，如图 6-38 所示。按 F2 键，更改该分组名称为"上半年"，如图 6-38 所示。

图 6-37

扩展

进行第一次分组后，后面相同的日期区间（即 1—6 月）也会做相应的分组。

图 6-38

❸ 重复上面的操作步骤，将7—12月组合并修改分组名称为"下半年"。

❹ 在"数据透视表字段列表"任务窗格中取消勾选"日期"字段复选框。然后将"日期2"字段名称更改为"年度"，如图6-39所示。

图 6-39

❺ 在"数据透视表工具→设计"选项卡的"布局"组中单击"分类汇总"按钮，选择"在组的底部显示所有分类汇总"，如图6-40所示。执行上述操作后即可达到如图6-41所示的效果。

图 6-40

图 6-41

6.2.3 文本字段的手动分组

针对文本字段也可以进行手动分组，例如将不同村落分组成以乡镇汇总的报表，将分散的班级分组成以年级汇总的报表，将以中文命名的月份分组成按季度汇总等。

例1：统计同一乡镇补贴金额汇总值

数据透视表中统计了各个村对于山林征用的补贴金额，如图6-42所示。由于一个乡镇下面包含多个村，现在要求以乡镇为单位统计出总补贴金额，即得到如图6-43所示的统计结果。

3	村名 ▼	求和项:补贴金额
4	柏垫镇老树庄	1887.6
5	河界镇刘家苫	1636.8
6	河界镇宋元里	673.2
7	河界镇新村	1161.6
8	西柏垫镇高桥	957
9	西柏垫镇苗西	2296.8
10	西柏垫镇实林	1291.4
11	新杭乡陈家村	873.4
12	新杭乡跑马岗	1676.4
13	新杭乡姚沟	814
14	新杭乡赵老庄	1075.8
15	月亭乡凌家庄	2338.6
16	月亭乡马店	2052.6
17	月亭乡宋家村	961.4
18	月弯镇高湖	2061.4
19	月弯镇下寺	1458.6
20	赵林乡安凌村	1531.2
21	赵林乡沈村	1031.8
22	赵林乡项村	1854.6
23	总计	27634.2

图 6-42

3	乡镇名称	求和项:补贴金额
4	柏垫镇	6432.8
5	河界镇	3471.6
6	新杭乡	4439.6
7	月亭乡	5352.6
8	月弯镇	3520
9	赵林乡	4417.6
10	总计	27634.2

图 6-43

❶ 在数据透视表中，单击"行标签"字段右侧的下拉按钮，在搜索框中输入"柏垫"，如图 6-44 所示。

❷ 单击"确定"按钮，搜索到包含"柏垫镇"的所有项，选中这些项，在"数据透视表工具→分析"选项卡的"组合"组中单击"分组选择"按钮，如图 6-45 所示，建立一个新组默认名称为"数据组 1"，如图 6-46 所示。

图 6-44

图 6-45

❸ 将建立的组重命名为"柏垫镇"，如图 6-47 所示。

图 6-46

图 6-47

❹ 单击选中村名中的任意项，单击"行标签"右侧的下拉按钮，选择"从'村名'中清除筛选"命令，如图 6-48 所示。

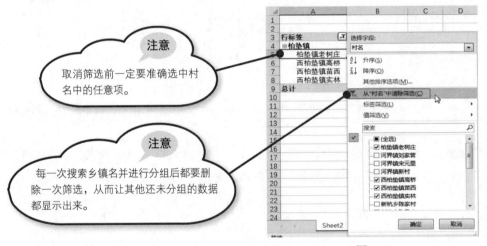

注意
取消筛选前一定要准确选中村名中的任意项。

注意
每一次搜索乡镇名并进行分组后都要删除一次筛选，从而让其他还未分组的数据都显示出来。

图 6-48

❺ 接着再搜索第二个乡镇名并进行分组，即重复❶、❷步的操作，依次找到各个乡镇下的项，并以乡镇名称分组，如图 6-49 所示。

	A	B	C
3	村名2 ▼	村名 ▼	求和项:补贴金额
4	⊟柏垫镇	柏垫镇老树庄	1887.6
5		西柏垫镇高桥	957
6		西柏垫镇苗西	2296.8
7		西柏垫镇实林	1291.4
8	⊟河界镇	河界镇刘家营	1636.8
9		河界镇宋元里	673.2
10		河界镇新村	1161.6
11	⊟新杭乡	新杭乡陈家村	873.4
12		新杭乡跑马岗	1676.4
13		新杭乡姚沟	814
14		新杭乡赵老庄	1075.8
15	⊟月亭乡	月亭乡凌家庄	2338.6
16		月亭乡马店	2052.6
17		月亭乡宋家村	961.4
18	⊟月弯镇	月弯镇高湖	2061.4
19		月弯镇下寺	1458.6
20	⊟赵林乡	赵林乡安凌村	1531.2
21		赵林乡沈村	1031.8
22		赵林乡项村	1854.6
23	总计		27634.2

图 6-49

❻ 在"数据透视表字段列表"任务窗格的"选择要添加到报表的字段"框中取消勾选"村名"字段，更改"村名2"字段的名称为"乡镇名称"后，即可达到如图6-43所示的效果。

例2：设置列标签按季度汇总

图6-50所示的数据透视表中设置了"月份"为列标签字段，共有12个月份。对于标准的月份数据，程序是可以识别并进行按年、月、季度等自动分组的，但是这种中文的月份数程序是无法进行识别并判断季度的，所以无法进行自动分组。通过分组后可以得到如图6-51所示的统计结果。

求和项:数量	列标签												
行标签	1月	2月	3月	4月	5月	6月	7月	8月	9月	10月	11月	12月	总计
陈再欣	90	84	90	88	76	82	90	93	91	116	92	85	1077
崔丽	108	91	88	80	122	113	82	114	83	87	99	102	1169
丁红梅	84	83	102	102	82	91	76	83	81	82	119	109	1094
何海洋	88	84	99	88	85	90	86	81	107	96	91	95	1090
侯燕芝	88	88	100	77	112	80	91	83	81	97	104	88	1089
江梅子	94	82	88	98	92	99	117	88	89	80	95	88	1110
李霞	85	101	85	85	109	117	87	80	89	81	100	117	1136
苏瑞	79	94	79	109	77	100	82	85	116	85	88	102	1096
徐红	74	92	104	88	90	91	88	88	80	81	100	80	1056
伊一	110	87	95	103		119	105	87	116	95	109	185	1211
张鸿博	83	85	83	102	92	117	85	88	106	105	112	88	1146
张文娜	92	87	93	85	94	118	116	96	103	88	95	98	1165
邹丽雪	83	86	82	102	90	100	90	82	65	83	84	75	1062
总计	1158	1144	1189	1207	1121	1317	1204	1148	1227	1176	1288	1322	14501

图6-50

求和项:数量	列标签				
行标签	一季度	二季度	三季度	四季度	总计
陈再欣	264	246	274	293	1077
崔丽	287	315	279	288	1169
丁红梅	269	275	240	310	1094
何海洋	271	263	274	282	1090
侯燕芝	276	269	255	289	1089
江梅子	264	289	294	263	1110
李霞	271	311	256	298	1136
苏瑞	252	286	283	275	1096
徐红	270	269	256	261	1056
伊一	292	222	308	389	1211
张鸿博	251	311	279	305	1146
张文娜	272	297	315	281	1165
邹丽雪	252	292	266	252	1062
总计	3491	3645	3579	3786	14501

图6-51

❶ 选中列表签中1月至3月的项，在"数据透视表工具→分析"选项卡的"组合"组中单击"分组选择"按钮，如图6-52所示。

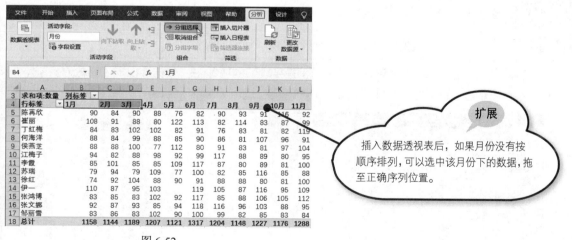

图6-52

❷ 此时列字段中增加一个"数据组1"的分组，并且在字段列表中出现一个"月份2"字段。按F2键，更改该分组名称为"一季度"，如图6-53所示。

❸ 按照上面的步骤重复操作，选中列标签中的 4 月至 6 月的项，分组为"二季度"，依次类推，得到的统计表格如图 6-54 所示。

图 6-53

求和项:数量	列标签		
	一季度		
行标签	1月	2月	3月
陈芮欣	90	84	90
崔丽	108	91	88
丁红梅	84	83	102
何海洋	88	84	99
侯燕芝	88	88	100
江梅子	94	82	88
李霞	85	101	85
苏瑞	79	94	79
徐红	74	92	104
伊一	110	87	95
张鸿博	83	85	83
张文娜	92	87	93
邹丽雪	83	86	83
总计	1158	1144	1189

图 6-54

求和项:数量	列标签												总计
	一季度			二季度			三季度			四季度			
行标签	1月	2月	3月	4月	5月	6月	7月	8月	9月	10月	11月	12月	
陈芮欣	90	84	90	88	76	82	90	93	91	116	92	85	1077
崔丽	108	91	88	80	122	113	82	114	83	87	99	102	1169
丁红梅	84	83	102	102	82	91	76	83	81	82	119	109	1094
何海洋	88	84	99	88	85	90	86	81	107	96	91	95	1090
侯燕芝	88	88	100	77	112	80	91	83	81	97	104	88	1089
江梅子	94	82	88	98	92	99	117	88	89	80	95	88	1110
李霞	85	101	85	85	109	117	87	80	89	81	100	117	1136
苏瑞	79	94	79	109	77	100	82	85	116	85	88	102	1096
徐红	74	92	104	88	90	91	88	88	80	81	100	80	1056
伊一	110	87	95	103		119	105	87	116	95	109	185	1211
张鸿博	83	85	83	102	92	117	85	88	106	105	112	88	1146
张文娜	92	87	93	85	94	118	116	96	103	83	98	115	1165
邹丽雪	83	86	83	102	90	100	99	82	85	83	84	85	1062
总计	1158	1144	1189	1207	1121	1317	1204	1148	1227	1176	1288	1322	14501

❹ 在"数据透视表字段列表"任务窗格中的字段列表中取消勾选"月份"复选框，使"月份"字段不显示在数据透视表中，就可以达到如图 6-51 所示的统计效果。

6.3 取消分组及无法分组原因分析

分组后也可以取消分组，可全局取消或者局部取消。本节将重点介绍如何取消分组并且分析一下部分字段无法分组的原因，同时给出解决的方法。

6.3.1 全局取消组合

如果对设置的组合感到不满意，可以取消全局组合。

选中字段名称所在单元格（注意是字段名而不是字段下的项），在"数据透视表工具→分析"选项卡的"组合"组中单击"取消组合"按钮，如图 6-55 所示，即可取消全局组合，如图 6-56 所示。

乡镇名称	求和项:补贴金额
柏垫镇	6432.8
河界镇	3471.6
新杭乡	4439.6
月亭乡	5352.6
月弯镇	3520
赵林乡	4417.6
总计	27634.2

图 6-55

村名	求和项:补贴金额
柏垫镇老树庄	1887.6
河界镇刘家营	1636.8
河界镇宋元里	673.2
河界镇新村	1161.6
西柏垫镇高桥	957
西柏垫镇西苗	2296.8
西柏垫镇实林	1291.4
新杭乡陈家村	873.4
新杭乡跑马岗	1676.4
新杭乡姚沟	814
新杭乡赵老庄	1075.8
月亭乡夏家店	2338.6
月亭乡马店	2052.6
月亭乡宋家村	961.4
月弯镇高湖	2061.4
月弯镇下寺	1458.6
赵林乡安凌村	1531.2
赵林乡沈村	1031.8
赵林乡项村	1854.6
总计	27634.2

图 6-56

6.3.2 局部取消手动组合

对设置的组合部分感到不满意，也可以局部取消手动组合。

选中要取消组合的项（字段下的项），在“数据透视表工具→分析”选项卡的“组合”组中单击“取消组合”按钮，如图 6-57 所示，即可取消该组合，如图 6-58 所示。

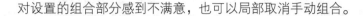

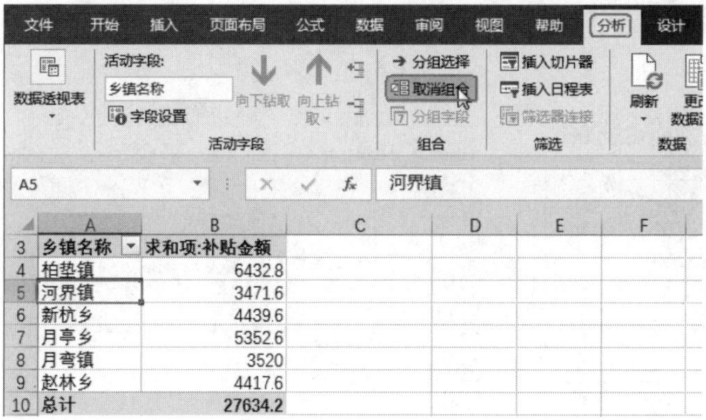

图 6-57

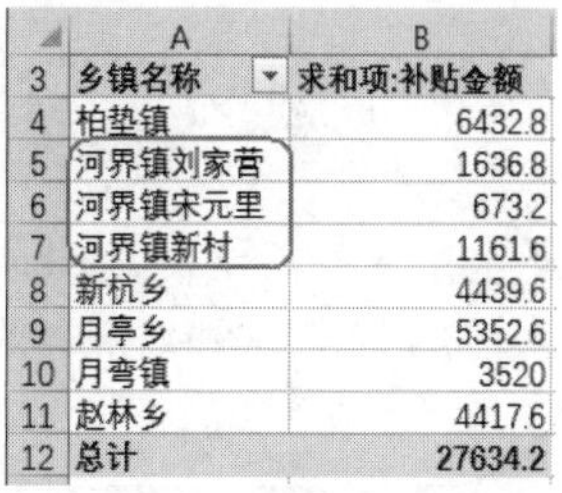

	A	B
3	乡镇名称	求和项:补贴金额
4	柏垫镇	6432.8
5	河界镇刘家营	1636.8
6	河界镇宋元里	673.2
7	河界镇新村	1161.6
8	新杭乡	4439.6
9	月亭乡	5352.6
10	月弯镇	3520
11	赵林乡	4417.6
12	总计	27634.2

图 6-58

6.3.3 无法分组的几个原因

在进行数据分组时有时会弹出无法分组的提示。导致分组失败的主要原因包括：一是组合字段的数据类型不一致；二是日期数据格式不正确。

例 1：组合字段数据类型不一致导致分组失败

当分组字段的数据类型不一致时将导致分组失败，这是众多出现分组失败的根本原因。

如图 6-59 所示，当对数据透视表执行分组时，弹出了错误提示。查看源数据可以看到是因为源数据中有文本数字存在。

如图 6-60 所示，当对数据透视表执行分组时，弹出了错误提示。这是因为原始数据中有文本存在，数据透视表中数值数据与文本数据并存，导致分组失败。

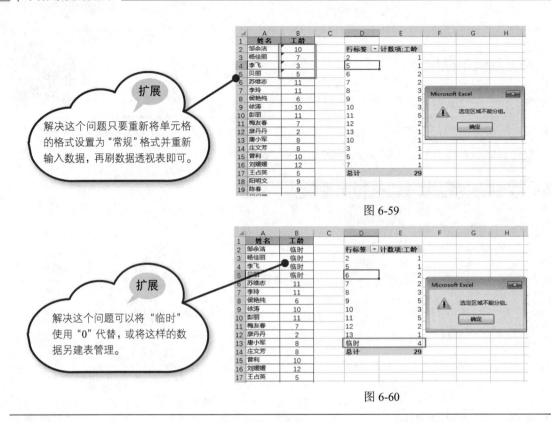

图 6-59

扩展

解决这个问题只要重新将单元格的格式设置为"常规"格式并重新输入数据，再刷数据透视表即可。

扩展

解决这个问题可以将"临时"使用"0"代替，或将这样的数据另建表管理。

图 6-60

例2：日期数据格式不正确导致分组失败

在输入日期数据时，要以程序可以识别的日期格式输入，如输入"19-1-2""19/1/2""1-2"（省略年份默认为本年），这些样的日期数据才可用于日期计算，否则将视作文本数据。因此，如果数据源中使用的日期格式不对，也会导致无法分组的情况出现。

如图 6-61 所示，数据源中有部分"2018.8.16"这种不正确的日期格式，在分组时则提示无法分组。

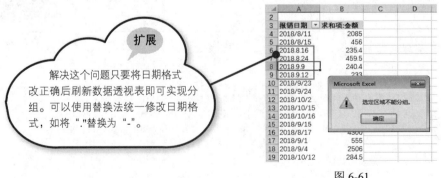

扩展

解决这个问题只要将日期格式改正确后刷新数据透视表即可实现分组。可以使用替换法统一修改日期格式，如将"."替换为"-"。

图 6-61

经 验 之 谈

如果数据透视表的数据源表被删除或引用外部数据源不存时，数据透视表引用区域会保留一个失效的数据引用区域，这也会导致分组失败。此时需要在"数据透视表工具→分析"选项卡的"数据"组中单击"更改数据源"按钮，打开对话框重新设置表区域，如图 6-62 所示。

图 6-62

第 7 章

数据透视表计算

7.1　值汇总方式设置

关于数据透视表值汇总方式的设置，在前面的章节中已经使用了大量的范例，例如求和计算、计数计算、求班级考试成绩的最高分等。我们看到的数据透视表都达到了所需的统计目的，孰不知并不是每一个数据透视表在设置值字段后，它的统计方式都是正好满足需要的，很多时候需要我们根据分析目的去重新更改值汇总方式。

7.1.1　何时需要更改默认汇总方式

数据透视表对数值字段默认的汇总方式为求和，文字字段的默认汇总方式为计数。当默认的汇总结果不是需要的统计结果时，需要重新更改汇总方式。例如图 7-1 所示数据透视表目的是要统计各个工龄段的人数，而当添字段后默认的汇总方式是对工龄进行求和，因此达不到统计目的。

	I	J	K		L	M	N	
1	入职时间	工龄			行标签 ▾	求和项:工龄		
2	2007/2/14	12			1~3	9		
3	2009/3/1	10			4~6	34		
4	2016/3/1	3			7~9	92		
5	2006/3/1	13			10~13	81		
6	2013/4/5	6			总计	216		
7	2010/4/14	9						
8	2010/4/14	9						
9	2017/1/28	2						
10	2012/2/2	7						
11	2009/2/19	10						
12	2012/4/7	7						
13	2008/2/20	11						

图 7-1

❶ 在数据透视表中选中汇总项下的任意单元格，在"数据透视表→分析"选项卡的"活动字段"组中单击"字段设置"按钮，打开"值字段设置"对话框，如图 7-2 所示。

图 7-2

❷ 在"计算类型"列表框中选择"计数"汇总方式，如图 7-3 所示。更改计数方式后，可以看到统计出每个年龄段的人数，如图 7-4 所示。

图 7-3

行标签	计数项:工龄
1~3	5
4~6	7
7~9	11
10~13	7
总计	30

图 7-4

7.1.2 为值字段设置多种汇总方式

根据实现需要可对同一字段使用多种方式进行汇总。例如本例中要求同时统计出各个班级的平均分、最高分、最低分。源数据表如图 7-5 所示，要求达到统计结果如图 7-6 所示，即能直观地统计出各个班级的平均分、最高分、最低分，这也是我们在做成绩统计时经常需要使用的一种报表。

	班级	姓名	分数
1	班级	姓名	分数
2	1班	江梅子	73
3	1班	蒋思悦	73
4	1班	徐斌	67
5	1班	周志芳	67
6	1班	崔丽	68
7	1班	崔雪莉	68
8	1班	冷艳艳	69
9	1班	夏成宇	69
10	1班	陈苒欣	74
11	1班	陈美诗	74
12	1班	何海洋	92
13	1班	何佳佳	92
14	1班	章含之	97
15	1班	陈梦雪	97
16	2班	张文娜	89
17	2班	张文远	89
18	2班	张鸿博	75
19	2班	张越塔	75
20	2班	侯燕芝	66

图 7-5

班级	平均分	最高分	最低分
1班	77.14	97	67
2班	82.00	89	66
3班	82.80	90	74
4班	78.00	82	75
5班	83.64	97	66
总计	81.16	97	66

图 7-6

❶ 创建数据透视表后，在"数据透视表字段列表"任务窗格中，连续 3 次将"分数"字段拖入"数

值"区域。数据透视表中将新增 3 个字段，"求和项:分数""求和项:分数 2"和"求和项:分数 3"，如图 7-7 所示。

图 7-7

❷ 单击"求和项:分数"右侧的下拉按钮，在展开的下拉列表中选择"值字段设置"命令，如图 7-8 所示。

❸ 打开"值字段设置"对话框，单击"值汇总方式"选项卡，在"计算类型"列表中选择"平均值"，如图 7-9 所示，即可将"求和项：分数"字段的汇总方式更改为求平均值。

图 7-8   图 7-9

❹ 单击"确定"按钮返回数据透视表，可以看到字段显示为"平均值项:分数"，如图 7-10 所示。

❺ 重复上面的步骤，依次将"求和项:分数 2"字段的汇总方式设置为"最大值"，将"求和项:分数 3"字段的汇总方式设置为"最小值"，如图 7-10 所示。

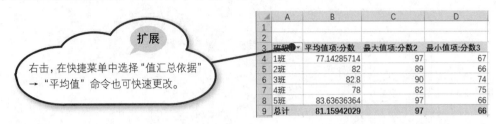

扩展

右击，在快捷菜单中选择"值汇总依据"→"平均值"命令也可快速更改。

班级	平均值项:分数	最大值项:分数2	最小值项:分数3
1班	77.14285714	97	67
2班	82	89	66
3班	82.8	90	74
4班	78	82	75
5班	83.63636364	97	66
总计	81.15942029	97	66

图 7-10

❻ 选中"平均值项:分数"字段名称，在编辑栏中重新定义字段的名称，如图 7-11 所示。

❼ 按相同的方法依次将"求和项:分数 2"字段和"求和项:分数 3"字段重命名为"最高分"和"最低分"，如图 7-12 所示。

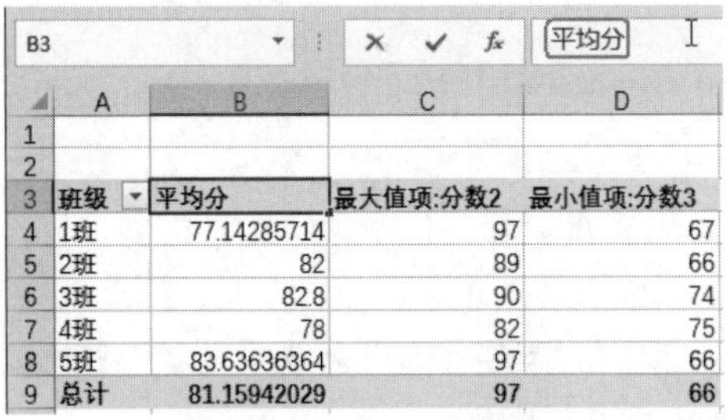

B3 — × ✓ fx 平均分

班级	平均分	最大值项:分数2	最小值项:分数3
1班	77.14285714	97	67
2班	82	89	66
3班	82.8	90	74
4班	78	82	75
5班	83.63636364	97	66
总计	81.15942029	97	66

图 7-11

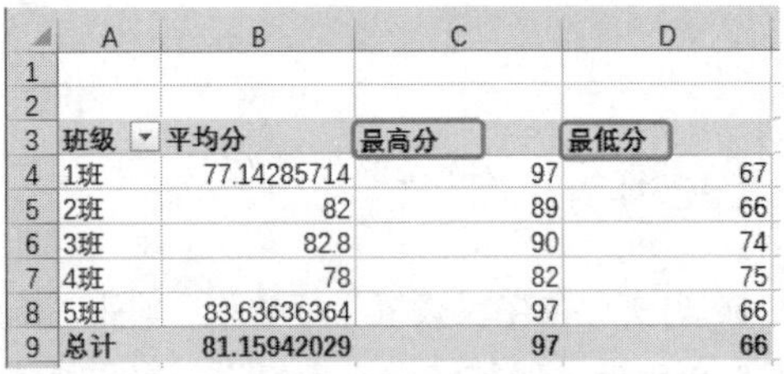

班级	平均分	最高分	最低分
1班	77.14285714	97	67
2班	82	89	66
3班	82.8	90	74
4班	78	82	75
5班	83.63636364	97	66
总计	81.15942029	97	66

图 7-12

❽ 选中"平均分"下的数值区域，在"开始"选项卡的"数字"组中单击下拉按钮，在下拉列表中选择"数字"，从而让平均分显示两位小数，如图 7-13 所示。

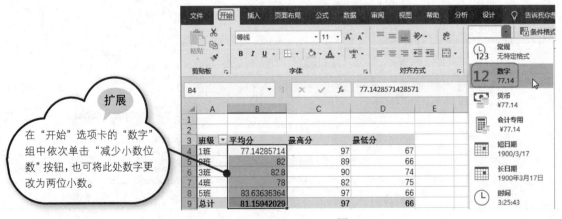

扩展

在"开始"选项卡的"数字"组中依次单击"减少小数位数"按钮，也可将此处数字更改为两位小数。

图 7-13

7.1.3　解决数值字段无法求和汇总问题

创建数据透视表时，如果将包含数值的字段设置到"数值"区域，其默认的汇总方式为求和，但图 7-14 所示的数据透视表中设置"数量"与"金额"为数值字段，其默认汇总方式却为计数。出现这种情况是因为数值区域中包含有空单元格，只要使用 0 值代替空单元格即可解决这一问题。

D	E	F	G	H	I	J	K	L	M
产品名称	规格	单价	数量	金额	销售员		行标签	计数项:数量	计数项:金额
红石榴套装（洁面+水+乳）	套	198	17	3366	王淑芬		红石榴倍现润滋养霜	3	3
柔润倍现保湿精华霜	50g	108	11	528	周星辰		红石榴去角质素	2	2
水嫩精纯能量元面霜	45ml	119	10	1190	王淑芬		红石榴套装（洁面+水+乳）	3	3
红石榴倍现润滋养霜	50g	110	14	1540	王晨曦		红石榴鲜活水盈乳液	2	2
红石榴套装（洁面+水+乳）	套	198	17	3366	夏子蒙		红石榴鲜活水盈润肤水	2	2
柔润盈透洁面泡沫	150g	68			周星辰		柔润倍现保湿精华乳液	1	1
水嫩精纯明星眼霜	15g	138	10	590	王淑芬		柔润倍现保湿精华霜	2	2
水嫩精纯明星美肌水	100ml	135	12	1620	赵科然		柔润倍现套装	2	2
柔润盈透洁面泡沫	150g	68	15	1020	周星辰		柔润倍现盈透精华水	2	2
柔润倍现保湿精华霜	50g	108			夏子蒙		柔润盈透洁面泡沫	3	3
红石榴去角质素	100g	85	11	935	赵科然		水嫩精纯明星美肌水	1	1
水嫩精纯能量元面霜	45ml	119	20	2380	夏子蒙		水嫩精纯明星修饰乳	2	2
红石榴鲜活水盈润肤水	120ml	108	15	1620	周星辰		水嫩精纯明星眼霜	2	2
红石榴套装（洁面+水+乳）	套	198			夏子蒙		水嫩精纯能量元面霜	2	2
柔润倍现套装	套	308	7	2156	包玲玲		总计	29	29
柔润倍现盈透精华水	100ml	70	15	1050	王晨曦				
柔润倍现盈透精华水	100ml	70	11	770	夏子蒙				
红石榴倍现润滋养霜	50g	110	10	450	包玲玲				
红石榴鲜活水盈乳液	100ml	115	9	1035	王淑芬				

图 7-14

❶ 在数据表中将空白单元格都输入 0 值，如图 7-15 所示。

❷ 将原数值字段拖出，重新添加数值字段，即可得出正确的统计结果，如图 7-16 所示。

D	E	F	G	H	I
产品名称	规格	单价	数量	金额	销售员
红石榴套装（洁面+水+乳）	套	198	17	3366	王淑芬
柔润倍现保湿精华霜	50g	108	11	528	周星辰
水嫩精纯能量元面霜	45ml	119	10	1190	王淑芬
红石榴倍现润滋养霜	50g	110	14	1540	王晨曦
红石榴套装（洁面+水+乳）	套	198	17	3366	夏子蒙
柔润盈透洁面泡沫	150g	68	0	0	周星辰
水嫩精纯明星眼霜	15g	138	10	590	王淑芬
水嫩精纯明星美肌水	100ml	135	12	1620	赵科然
柔润盈透洁面泡沫	150g	68	15	1020	周星辰
柔润倍现保湿精华霜	50g	108	0	0	夏子蒙
红石榴去角质素	100g	85	11	935	赵科然
水嫩精纯能量元面霜	45ml	119	20	2380	夏子蒙
红石榴鲜活水盈润肤水	120ml	108	15	1620	周星辰
红石榴套装（洁面+水+乳）	套	198	0	0	夏子蒙
柔润倍现套装	套	308	7	2156	包玲玲
柔润倍现盈透精华水	100ml	70	15	1050	王晨曦
柔润倍现盈透精华水	100ml	70	11	770	夏子蒙
红石榴倍现润滋养霜	50g	110	10	450	包玲玲

图 7-15

K	L	M
行标签	求和项:数量	求和项:金额
红石榴倍现润滋养霜	34	3090
红石榴去角质素	20	1700
红石榴套装（洁面+水+乳）	42	8316
红石榴鲜活水盈乳液	20	2300
红石榴鲜活水盈润肤水	30	3240
柔润倍现保湿精华乳液	9	945
柔润倍现保湿精华霜	20	880
柔润倍现套装	17	5236
柔润倍现盈透精华水	26	1820
柔润盈透洁面泡沫	51	3468
水嫩精纯明星美肌水	12	1620
水嫩精纯明星修饰乳	22	3256
水嫩精纯明星眼霜	20	1970
水嫩精纯能量元面霜	30	3570
总计	353	41411

图 7-16

 经验之谈

　　如果数字是文本数字，统计时也会出现无法求和这种情况。此时可以选中文本数据，单击左上角的黄色按钮，在弹出的下拉列表中选择"转换为数字"命令，如图 7-17 所示，即可一次性地将文本数字更改为数值数字。转换后需要重新更改值字段的汇总方式为"求和"，数据透视表才能显示正确的统计结果。

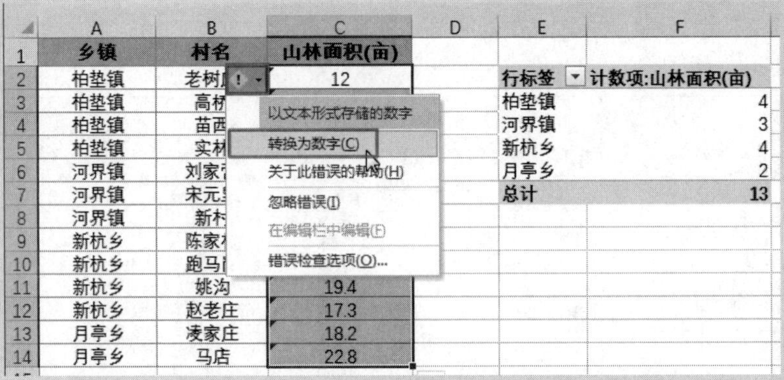

图 7-17

7.2　值显示方式设置

　　数据透视表值显示方式的设置包括显示占比情况、差异值、累计值等。通过巧妙的设置，可统计销售额占总销售额比例、男女比例、销量与上月差异等，从而得到各种统计目的的报表。

7.2.1　统计各销售员销售金额占总金额比

　　数据透视表中可以通过设置显示出数据占总和的百分比。例如下面的例子是统计出每位销售员的销售金额后，可以通过设置值显示方式显示出每位销售员的销售金额占总销售金额的百分比。

　　❶ 选中需要设置的数值字段，右击，在弹出的快捷菜单中选择"值显示方式"命令，在弹出的下拉菜单中选择"总计的百分比"命令，如图 7-18 所示。

　　❷ 按上述设置后，可以看到数据透视表的显示结果，如图 7-19 所示。

　　❸ 将数据透视表改为以表格形式显示的布局，并给 B3 单元格的值字段名称修改为"占总销售额的比"，如图 7-20 所示。

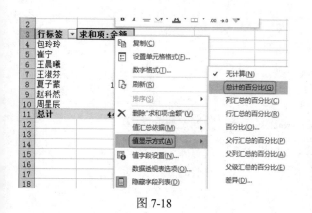

图 7-18 图 7-19 图 7-20

7.2.2 一次性查看各年中各销售员的销售额占全年的比（列汇总的百分比）

在上一例子中我们使用了"占总和的百分比"选项实现了统计各销售员销售金额占总金额比。如果设置了列标签，而列标签有多个分项时，这时可以通过"列汇总的百分比"选项实现让各列统计数据分别显示出占该列汇总值的百分比。例如下面的例子是统计出每位销售员在两年中的销售金额，如图 7-21 所示。要求显示出在各年中各销售员的销售额占全年销售额的比值情况，即达到如图 7-22 所示的显示效果。

求和项:营销额（万）		年份		
部门	姓名	2017	2018	总计
⊟明珠分部	刘天成	109.23	197.18	306.41
	黄蒙蒙	147.88	130.86	278.74
	邹云	93.14	145.71	238.85
	谢用志	204.58	95.89	300.47
明珠分部 汇总		554.83	569.64	1124.47
⊟利济分部	程军	128.21	349.55	477.76
	何海洋	153.6	221.31	374.91
	周伟明	48.4	192.18	240.58
利济分部 汇总		330.21	763.04	1093.25
⊟沙河分部	刘文华	67.48	81.88	149.36
	徐海珠	90.14	415.19	505.33
	杨龙飞	87.34	447.38	534.72
沙河分部 汇总		244.96	944.45	1189.41
总计		1130	2277.13	3407.13

图 7-21

求和项:营销额（万）		年份		
部门	姓名	2017	2018	总计
⊟明珠分部	刘天成	9.67%	8.66%	8.99%
	黄蒙蒙	13.09%	5.75%	8.18%
	邹云	8.24%	6.40%	7.01%
	谢用志	18.10%	4.21%	8.82%
明珠分部 汇总		49.10%	25.02%	33.00%
⊟利济分部	程军	11.35%	15.35%	14.02%
	何海洋	13.59%	9.72%	11.00%
	周伟明	4.28%	8.44%	7.06%
利济分部 汇总		29.22%	33.51%	32.09%
⊟沙河分部	刘文华	5.97%	3.60%	4.38%
	徐海珠	7.98%	18.23%	14.83%
	杨龙飞	7.73%	19.65%	15.69%
沙河分部 汇总		21.68%	41.48%	34.91%
总计		100.00%	100.00%	100.00%

图 7-22

❶ 选中"2017"或"2018"字段下的任意汇总值，右击，在弹出的快捷菜单中选择"值显示方式"→"列汇总的百分比"命令，如图 7-23 所示。

❷ 执行上述操作后即可得到如图 7-22 所示的统计结果。

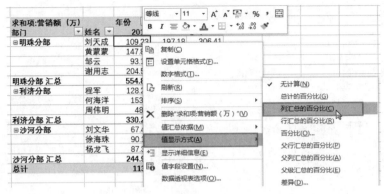

图 7-23

经验之谈

如果数据透视表只设置了一个数据字段时，使用"总计的百分比"与"列汇总的百分比"命令的结果一样，因为数值只有单列。例如，图 7-24 所示的数据透视表无论是执行"总计的百分比"还是"列汇总的百分比"命令，都将获得如图 7-25 所示的结果。

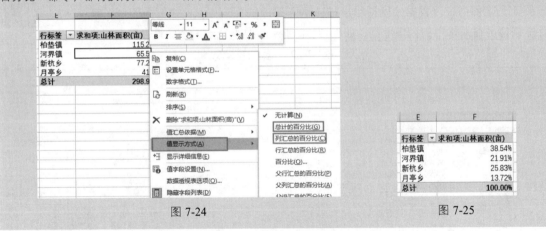

图 7-24　　　　　　　　　图 7-25

7.2.3　统计各部门男女比例（行汇总的百分比）

设置"总和的百分比"与"列汇总的百分比"命令都是以列统计值来显示百分比的，除此之外，还可以设置值的显示方式为"行汇总的百分比"，即以行统计值来显示百分比。例如下面的例子是统计出每个部门中男性与女性的人数，如图 7-26 所示。要求显示出各个部门中男女各占比例，如图 7-27 所示。

图 7-26

❶ 选中"男"或"女"字段下的任意汇总值，右击，在弹出的快捷菜单中选择"值显示方式"→"行汇总的百分比"命令，如图 7-27 所示。

❷ 执行上述操作后即可得到如图 7-28 所示的统计结果。

图 7-27

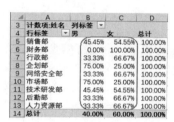

图 7-28

7.2.4 统计销售额占分类汇总的百分比

在数据透视表中可以通过设置让统计数据显示为占父行汇总的百分比。例如下面的例子是统计出各个部门下各位销售员的销售金额，如图 7-29 所示。要求显示出各个部门中各销售员的销售额占部门销售额的百分比，如图 7-30 所示。

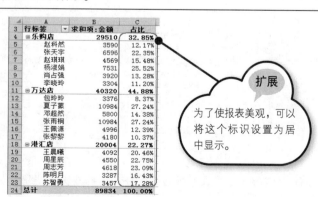

图 7-29

图 7-30

扩展

为了使报表美观，可以将这个标识设置为居中显示。

❶ 在"数据透视表字段列表"任务窗格中，将"金额"字段再添加一次到"数值"区域中，在数据透视表中会显示"求和项：金额2"。将"求和项：金额2"字段重命名为"占比"，如图 7-31 所示。

❷ 右击"占比"字段下的任意单元格，在弹出的快捷菜单中选择"值显示方式"→"父行汇总的百分比"命令，如图 7-32 所示。

❸ 执行上述操作后即可得到如图 7-30 所示的统计结果。

行标签	求和项：金额	占比
乐购店	29510	29510
赵科然	3590	3590
张天宇	6596	6596
赵琪琪	4569	4569
杨淑娟	7531	7531
肖占强	3920	3920
李晓玲	3304	3304
万达店	40320	40320
包玲玲	3376	3376
夏子蒙	10984	10984
邓超然	5800	5800
张雨桐	10984	10984
王佩源	4996	4996
张黎黎	4180	4180
港汇店	20004	20004
王晨曦	4092	4092
周星辰	4550	4550
周志芳	4618	4618
陈明月	3287	3287
苏智勇	3457	3457
总计	89834	89834

图 7-31

图 7-32

7.2.5 统计各商品销量与上个月的差异

在数据透视表中可以通过设置让统计数据显示为差异值，例如下面的例子中统计了各类别商品 3 个月份的销售量总计值，如图 7-33 所示。要求在数据透视表中直接直观地显示本月销量与上月销量的差异值，如图 7-34 所示。

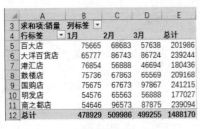

求和项：销量	列标签			
行标签	1月	2月	3月	总计
百大店	75665	68683	57638	201986
大洋百货店	65777	86743	86724	239244
港汇店	76854	56888	46694	180436
鼓楼店	75736	67863	65569	209168
国购店	75675	67673	97867	241215
明发店	54576	65563	56888	177027
商之都店	54646	96573	87875	239094
总计	478929	509986	499255	1488170

图 7-33

行标签	1月	2月		3月	
	销量	销量	与上月差异	销量	与上月差异
百大店	75665	68683	-6982	57638	-11045
大洋百货店	65777	86743	20966	86724	-19
港汇店	76854	56888	-19966	46694	-10194
鼓楼店	75736	67863	-7873	65569	-2294
国购店	75675	67673	-8002	97867	30194
明发店	54576	65563	10987	56888	-8675
商之都店	54646	96573	41927	87875	-8698
总计	478929	509986	31057	499255	-10731

图 7-34

❶ 在"数据透视表字段列表"任务窗格中，将"销量"字段添加两次到"数值"区域中。得到的数据透视表如图 7-35 所示。

行标签	1月		2月		3月	
	求和项:销量	求和项:销量2	求和项:销量	求和项:销量2	求和项:销量	求和项:销量2
百大店	75665	75665	68683	68683	57638	57638
大洋百货店	65777	65777	86743	86743	86724	86724
港汇店	76854	76854	56888	56888	46694	46694
鼓楼店	75736	75736	67863	67863	65569	65569
国购店	75675	75675	67673	67673	97867	97867
明发店	54576	54576	65563	65563	56888	56888
商之都店	54646	54646	96573	96573	87875	87875
总计	478929	478929	509986	509986	499255	499255

图 7-35

❷ 选中"求和项：销量 2"字段名称，在编辑栏中输入新名称为"与上月差异"，如图 7-36 所示。

C5 | 与上月差异

行标签	1月		2月		3月	
	求和项:销量	与上月差异	求和项:销量	与上月差异	求和项:销量	与上月差异
百大店	75665	75665	68683	68683	57638	57638
大洋百货店	65777	65777	86743	86743	86724	86724
港汇店	76854	76854	56888	56888	46694	46694
鼓楼店	75736	75736	67863	67863	65569	65569
国购店	75675	75675	67673	67673	97867	97867
明发店	54576	54576	65563	65563	56888	56888
商之都店	54646	54646	96573	96573	87875	87875
总计	478929	478929	509986	509986	499255	499255

注意
修改任意一个名称，三个名称将同时改变。

图 7-36

❸ 按相同方法将"求和项：销量"字段重命名为"销量"，如图 7-37 所示。

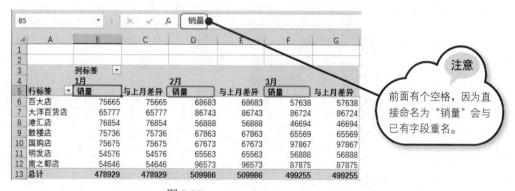

B5 | 销量

行标签	1月		2月		3月	
	销量	与上月差异	销量	与上月差异	销量	与上月差异
百大店	75665	75665	68683	68683	57638	57638
大洋百货店	65777	65777	86743	86743	86724	86724
港汇店	76854	76854	56888	56888	46694	46694
鼓楼店	75736	75736	67863	67863	65569	65569
国购店	75675	75675	67673	67673	97867	97867
明发店	54576	54576	65563	65563	56888	56888
商之都店	54646	54646	96573	96573	87875	87875
总计	478929	478929	509986	509986	499255	499255

注意
前面有个空格，因为直接命名为"销量"会与已有字段重名。

图 7-37

❹ 右击"与上月差异"字段下的任意单元格，在弹出的快捷菜单中选择"值显示方式"→"差异"命令，如图 7-38 所示。

图 7-38

❺ 在弹出的"值显示方式（与上月差异）"对话框的"基本字段"下拉列表框中选择"月份"，在"基本项"下拉列表框中选择"（上一个）"，如图 7-39 所示。

❻ 单击"确定"按钮，显示结果如图 7-40 所示。

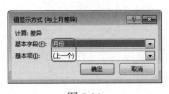

图 7-39

图 7-40

❼ 在 C 列列标上右击，在弹出的快捷菜单中选择"隐藏"命令，如图 7-41 所示，将 C 列隐藏。

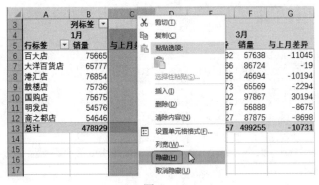

图 7-41

❽ 为了突出显示"与上月差异"列，可以选中这些列，为其设置特殊的填充，最终达到的效果如图 7-34 所示。

7.2.6 按月份累计销售金额

数据透视表中通过设置值显示可以实现让数据累计显示。图 7-42 所示为统计各个月份对某一字段的点击量，现在要求按月累计统计点击量，即达到如图 7-43 所示的统计结果。

行标签 ▼	求和项:点击量
⊞1月	2542
⊞2月	2516
⊞3月	4253
⊞4月	2032
⊞5月	1871
⊞6月	2619
总计	15833

图 7-42

行标签 ▼	求和项:点击量	累计点击量
⊞1月	2542	2542
⊞2月	2516	5058
⊞3月	4253	9311
⊞4月	2032	11343
⊞5月	1871	13214
⊞6月	2619	15833
总计	15833	

图 7-43

❶ 选中数据透视表，将"点击量"字段再次添加到"数值"区域中。右击"点击量2"字段下的任意单元格，在弹出的快捷菜单中选择"值显示方式"→"按某一字段汇总"命令，如图 7-44 所示。

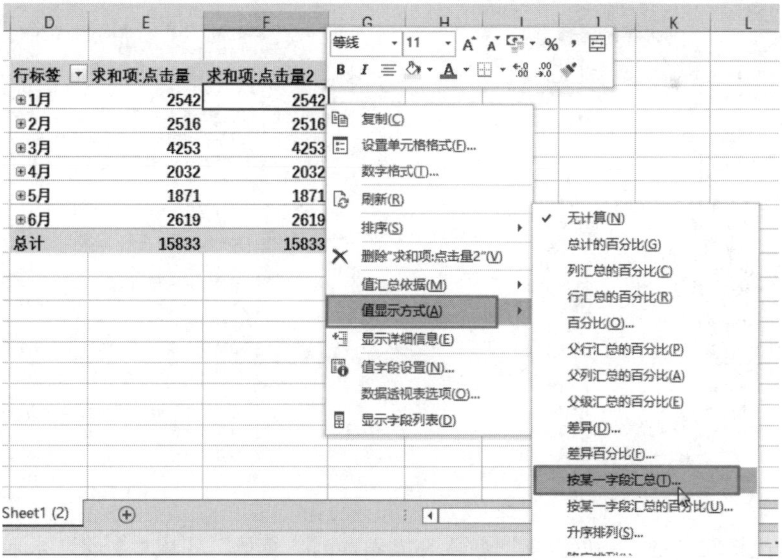

图 7-44

❷ 在弹出的"值显示方式（求和项:点击量2）"对话框的"基本字段"下拉列表框中选择"月"，效果如图 7-45 所示。

❸ 单击"确定"按钮，然后将 F2 单元格的名称更改为"累计点击量"，如图 7-46 所示。

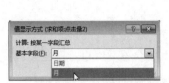

图 7-45

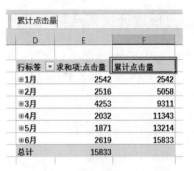

行标签	求和项:点击量	累计点击量
⊞1月	2542	2542
⊞2月	2516	5058
⊞3月	4253	9311
⊞4月	2032	11343
⊞5月	1871	13214
⊞6月	2619	15833
总计	15833	

图 7-46

7.2.7 按补贴金额对村名进行排名

数据透视表中通过设置值显示可以让统计数据按大小依次排名。图 7-47 为统计各个村补贴金额的数据透视表，现在要求按补贴金额对村名进行排名，即得到如图 7-48 所示的统计结果。

村名	求和项:补贴金额
柏垫镇老树庄	1887.6
河界镇刘家营	1636.8
河界镇宋元里	673.2
河界镇新村	1161.6
西柏垫镇高桥	957
西柏垫镇苗西	2296.8
西柏垫镇实林	1291.4
新杭乡陈家村	873.4
新杭乡跑马岗	1676.4
新杭乡姚沟	814
新杭乡赵老庄	1075.8
月亭乡凌家庄	2338.6
月亭乡马店	2052.6
月亭乡宋家村	961.4
月弯镇高湖	2061.4
月弯镇下寺	1458.6
赵林乡安凌村	1531.2
赵林乡沈村	1031.8
赵林乡项村	1854.6
总计	27634.2

图 7-47

村名	求和项:补贴金额	排名
河界镇宋元里	673.2	1
新杭乡姚沟	814	2
新杭乡陈家村	873.4	3
西柏垫镇高桥	957	4
月亭乡宋家村	961.4	5
赵林乡沈村	1031.8	6
新杭乡赵老庄	1075.8	7
河界镇新村	1161.6	8
西柏垫镇实林	1291.4	9
月弯镇下寺	1458.6	10
赵林乡安凌村	1531.2	11
河界镇刘家营	1636.8	12
新杭乡跑马岗	1676.4	13
赵林乡项村	1854.6	14
柏垫镇老树庄	1887.6	15
月亭乡马店	2052.6	16
月弯镇高湖	2061.4	17
西柏垫镇苗西	2296.8	18
月亭乡凌家庄	2338.6	19
总计	27634.2	

图 7-48

❶ 选中数据透视表，将"补贴金额"字段再次添加到"数值"区域中，将"求和项：补贴金额 2"字段名称更改为"排名"。

❷ 右击"排名"字段下的任意单元格，在弹出的快捷菜单中选择"值显示方式"→"升序排列"命令，如图 7-49 所示。

❸ 在弹出的"值显示方式（排名）"对话框的"基本字段"下拉列表框中选择"村名"，效果如图 7-50 所示。

图 7-49   图 7-50

❹ 单击"确定"按钮完成设置，选中"排名"字段下的任意单元格，在"数据"选项卡的"排序和筛选"组中单击"升序"按钮即可，如图 7-51 所示。

图 7-51

7.3　计算字段与计算项

计算字段是通过对数据透视表中现有的字段进行计算后得到的新字段。计算项是通过对数据透视表中现有某一字段内的项进行计算后得到的新数据项，用户可以通过添加计算字段和计算项实现数据透视表的自定义计算。本节将重点介绍计算字段和计算项的添加、修改和删除。

7.3.1　自定义计算字段

通过定义不同的计算字段可以达到不同的分析结果，本小节将介绍几个自定义计算字段的实例，例如为成绩表添加平均分计算字段、计算商品销售的毛利等。

例 1：为成绩表添加平均分计算字段

图 7-52 所示为建立的统计各个分部销售人员各项测试成绩的数据透视表，要求为数据透视表添加"平均分"计算字段显示每位人员的平均分。

分部名称	姓名	求和项:营销策略	求和项:沟通与团队	求和项:顾客心理	求和项:市场开拓
⊟包河分部					
	李霞	90	81	80	84
	马继刚	65	74	91	81
	王慧颖	57	66	82	93
	张蕾	62	87	81	82
⊟经开分部					
	何具	82	83	81	82
	侯燕芝	81	82	82	81
	李朝龙	79	75	74	90
	李飞霞	88	90	88	88
	聂竹峰	90	87	76	87
	徐红	82	83	81	82
	张鸿博	87	85	80	83
	张文娜	84	80	85	88
	周剑威	83	83	88	86
⊟卢阳分部					
	李晓峰	84	76	80	97
	李玉平	82	83	83	72
	梅潇	92	78	91	74
	任晓胖	82	83	81	82
	苏瑞	84	80	85	88
	张秉建	82	83	89	82

图 7-52

❶ 单击数据透视表区域的任意单元格，在"数据透视表工具→分析"选项卡的"计算"组中单击"字段、项目和集"按钮，在下拉菜单中选择"计算字段"命令，如图 7-53 所示。

❷ 打开"插入计算字段"对话框，在"名称"文本框中输入"平均分"，在"公式"文本框中输入"=(营销策略+沟通与团队+顾客心理+市场开拓)/4"，如图 7-54 所示。

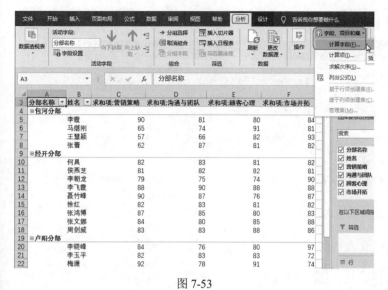

图 7-53

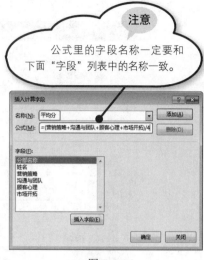

图 7-54

❸ 单击"确定"按钮，此时数据透视表自动添加"求和项：平均分"字段，如图 7-55 所示。

3	分部名称	姓名	求和项:营销策略	求和项:沟通与团队	求和项:顾客心理	求和项:市场开拓	求和项:平均分
4	⊟包河分部						
5		李霞	90	81	80	84	83.75
6		马继刚	65	74	91	81	77.75
7		王慧颖	57	66	82	93	74.5
8		张蕾	62	87	81	82	78
9	⊟经开分部						
10		何具	82	83	81	82	82
11		侯燕芝	81	82	82	81	81.5
12		李朝龙	79	75	74	90	79.5
13		李飞霞	88	90	88	88	88.5
14		聂竹峰	90	87	76	87	85
15		徐红	82	83	81	82	82
16		张鸿博	87	85	80	83	83.75
17		张文娜	84	80	85	88	84.25
18		周剑威	83	83	88	86	85
19	⊟户阳分部						
20		李晓峰	84	76	80	97	84.25
21		李玉平	82	83	83	72	80
22		梅潇	92	78	91	74	83.75
23		任晓胖	82	83	81	82	82
24		苏瑞	84	80	85	88	84.25
25		张素建	82	83	89	82	84
26		邹丽蕾	76	75	85	85	80.25

图 7-55

例 2：自定义公式判断应付金额与已付金额是否平账

图 7-56 所示数据透视表中统计了各供应商的应付金额与已付金额。通过插入计算字段可以直观地显示出应付金额与已付金额是否可以抵消。

❶ 单击数据透视表区域的任意单元格，在"数据透视表工具→分析"选项卡的"计算"组中单击

"字段、项目和集"按钮，在弹出的下拉菜单中选择"计算字段"命令，如图 7-56 所示。

图 7-56

❷ 打开"插入计算字段"对话框，在"名称"文本框中输入"平账"，在"公式"文本框中输入"=IF（应付金额-已付金额=0，1，0）"，如图 7-57 所示。

❸ 单击"确定"按钮，此时数据透视表自动添加"求和项：平账"字段，如图 7-58 所示。

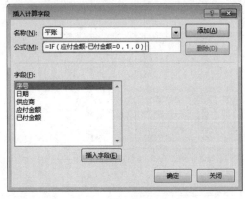

图 7-57

	A	B	C	D
1				
2				
3	行标签	求和项:应付金额	求和项:已付金额	求和项:平账
4	安佳木业	8875.3	8875.3	1.00
5	材料采购	13643.5	17200	0.00
6	昌吉机械	63982.7	45431.9	0.00
7	康辰生物科技	18531.5	7712	0.00
8	耐力金属	14622	7446	0.00
9	诺林织造	4815	4815	1.00
10	威驰高分子科技	2046	2046	1.00
11	永德塑业	5035.5	7141.5	0.00
12	远扬润滑	3092.6	2180.5	0.00
13	长城化工	7919	6661.8	0.00
14	总计	142563.1	109510	0.00

图 7-58

❹ 双击"求和项：平账"标签所在的单元格，弹出"值字段设置"对话框，单击"数字格式"按钮，如图 7-59 所示。

❺ 打开"设置单元格格式"对话框，在"分类"列表框中选择"自定义"，在"类型"文本框中输入""可以平";;"不可以平""，如图 7-60 所示。

图 7-59

图 7-60

❻ 单击"确定"按钮完成设置，如图 7-61 所示。为了突出显示"求和项：平账"列，可以设置其特殊填充颜色。

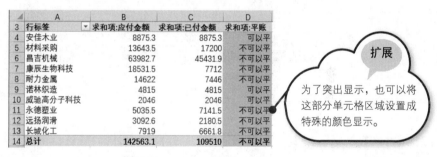

图 7-61

扩展

为了突出显示，也可以将这部分单元格区域设置成特殊的颜色显示。

例3：自定义公式计算商品销售的毛利

图 7-62 所示数据透视表中统计了各商品销售数量、进货平均价与销售平均价。通过插入计算字段可以直观地显示出各个商品的毛利。

❶ 单击数据透视表中的任意单元格，在"数据透视表工具→分析"选项卡的"计算"组中单击"字段、项目和集"按钮，在下拉菜单中选择"计算字段"命令。

❷ 弹出"插入计算字段"对话框，在"名称"文本框中输入"毛利"，在"公式"文本框中输入"=数量*（销售价－进货价）"，如图 7-63 所示。

3 行标签	求和项:数量	平均值项:进货价	平均值项:销售价
4 包菜	2412	0.98	1.5
5 冬瓜	2411	1.1	1.9
6 花菜	1931	1.24	2.1
7 黄瓜	3957	1.98	2.5
8 茭白	2412	2.76	3.7
9 韭菜	1603	2.38	3.1
10 萝卜	10331	0.45	1.2
11 毛豆	2407	3.19	5.8
12 茄子	4512	1.16	2.7
13 生姜	3069	4.58	7.6
14 蒜黄	5968	1.97	2.6
15 土豆	4814	1.73	3.75
16 西葫芦	3984	2.57	3.9
17 西兰花	2533	2.54	3.89
18 香菜	3784	3.05	3.98
19 紫甘蓝	3402.6	2.97	4.12
20 总计	59530.6	2.234711538	3.502884615

图 7-62

图 7-63

❸ 单击 "添加" 按钮即可在数据透视表中添加 "求和项：毛利" 字段，如图 7-64 所示。

3 行标签	求和项:数量	平均值项:进货价	平均值项:销售价	求和项:毛利
4 包菜	2412	0.98	1.5	6271.2
5 冬瓜	2411	1.1	1.9	9644
6 花菜	1931	1.24	2.1	8303.3
7 黄瓜	3957	1.98	2.5	14403.48
8 茭白	2412	2.76	3.7	11336.4
9 韭菜	1603	2.38	3.1	3462.48
10 萝卜	10331	0.45	1.2	38741.25
11 毛豆	2407	3.19	5.8	25129.08
12 茄子	4512	1.16	2.7	55587.84
13 生姜	3069	4.58	7.6	83415.42
14 蒜黄	5968	1.97	2.6	45118.08
15 土豆	4814	1.73	3.75	77794.24
16 西葫芦	3984	2.57	3.9	42389.76
17 西兰花	2533	2.54	3.89	20517.3
18 香菜	3784	3.05	3.98	28152.96
19 紫甘蓝	3402.6	2.97	4.12	23477.94
20 总计	59530.6	2.234711538	3.502884615	7851490.834

图 7-64

7.3.2 自定义计算项

通过定义不同的计算项可以得到更丰富的数据分析结果，本小节将介绍几个自定义计算项的实例。

例1：自定义公式计算商品售罄率

图 7-65 所示数据透视表中统计了各个店铺中两种商品的销售数量与库存数量。通过这两项数据可以创建一个 "售罄率" 计算项，从而直观地查看商品的销售状况。

❶ 在当前数据透视表中，把 "店铺" 字段添加到 "行标签" 区域，"店铺" 字段添加到 "列标签" 区域，"冰箱" "电视" 字段添加到 "数值" 区域。

❷ 单击 "类型" 标签所在的单元格，在 "数据透视表工具→分析" 选项卡的 "计算" 组中单击 "字段、项目和集" 按钮，在下拉菜单中选择 "计算项" 命令，如图 7-65 所示。

图 7-65

❸ 弹出"在'类型'中插入计算字段"对话框,在"名称"文本框中输入"售罄率",在"公式"文本框中输入"=销售/(销售+库存)",如图 7-66 所示。

图 7-66

❹ 单击"确定"按钮,"售罄率"计算项目自动添加到数据透视表中,如图 7-67 所示。

图 7-67

❺ 选中"售罄率"的单元格区域，在"开始"选项卡的"数字"组中单击右下角按钮，如图 7-67 所示。

❻ 打开"设置单元格格式"对话框，在左侧选中"百分比"，在右侧设置保留两位小数，如图 7-68 所示。

图 7-68

❼ 单击"确定"按钮完成设置，如图 7-69 所示。

	A	B	C	D	E	F	G
3		类型	值				
4		库存		销售		售罄率	
5	店铺	求和项:冰箱	求和项:电视	求和项:冰箱	求和项:电视	求和项:冰箱	求和项:电视
6	百大店	65	87	53	67	44.92%	43.51%
7	大洋百货店	69	109	45	78	39.47%	41.71%
8	港汇店	98	70	86	67	46.74%	48.91%
9	敦楼店	75	67	54	45	41.86%	40.18%
10	国购店	69	90	45	87	39.47%	49.15%
11	明发店	78	59	67	48	46.21%	44.86%
12	商之都店	80	46	62	32	43.66%	41.03%
13	总计	534	528	412	424	302.33%	309.34%

图 7-69

例 2：自定义公式计算销售额的年增长率

图 7-70 所示数据透视表显示了各个分部各销售人员在 2018 年与 2019 年两年中的销售金额。通过添加计算项可以实现直观显示每位销售员的统计数据在两年的增长率情况。

❶ 在当前数据透视表中，将"部门""姓名"字段添加到"行标签"区域，"年份"字段添加到"列标签"区域，"营销额"字段添加到"数值"区域。

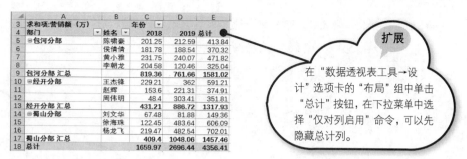

	A	B	C	D	E
3	求和项:营销额（万）		年份		
4	部门	姓名	2018	2019	总计
5	⊟包河分部	陈啸豪	201.25	212.59	413.84
6		侯倩倩	181.78	188.54	370.32
7		黄小雅	231.75	240.07	471.82
8		李朝龙	204.58	120.46	325.04
9	包河分部 汇总		819.36	761.66	1581.02
10	⊟经开分部	王杰锋	229.21	362	591.21
11		赵辉	153.6	221.31	374.91
12		周伟明	48.4	303.41	351.81
13	经开分部 汇总		431.21	886.72	1317.93
14	⊟蜀山分部	刘文华	67.48	81.88	149.36
15		徐海珠	122.45	483.64	606.09
16		杨龙飞	219.47	482.54	702.01
17	蜀山分部 汇总		409.4	1048.06	1457.46
18	总计		1659.97	2696.44	4356.41

扩展

在“数据透视表工具→设计”选项卡的“布局”组中单击“总计”按钮，在下拉菜单中选择“仅对列启用”命令，可以先隐藏总计列。

图 7-70

❷ 单击“年份”所在的单元格，在“数据透视表工具→分析”选项卡的“计算”组中单击“字段、项目和集”按钮，在下拉菜单中选择“计算项”命令，如图 7-71 所示。

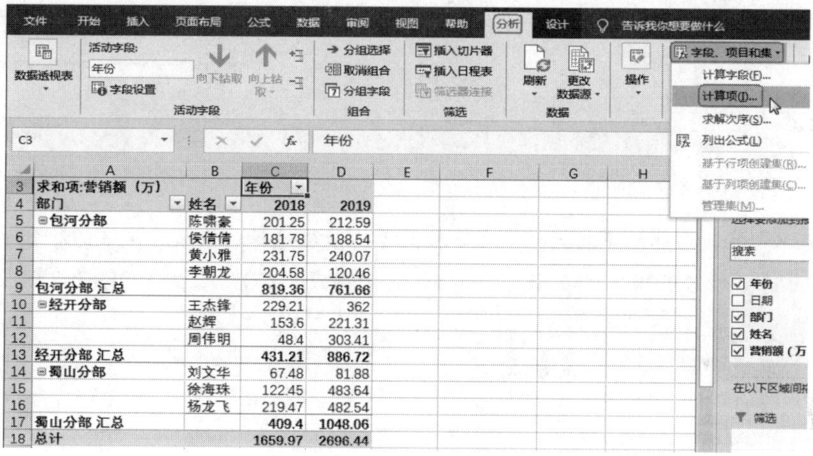

图 7-71

❸ 弹出“在‘年份’中插入计算字段”对话框，在“名称”文本框中输入“增长率”，在“公式”文本框中输入“= ('2019'- '2018')/ '2018'”，如图 7-72 所示。

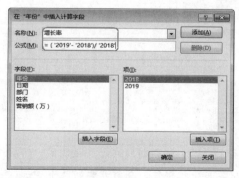

图 7-72

❹ 单击"确定"按钮，"增长率"计算项目自动添加到数据透视表中，如图 7-73 所示。

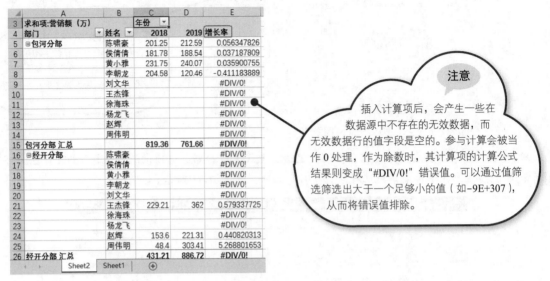

注意

插入计算项后，会产生一些在数据源中不存在的无效数据，而无效数据行的值字段是空的。参与计算会被当作 0 处理，作为除数时，其计算项的计算公式结果则变成"#DIV/0!"错误值。可以通过值筛选筛选出大于一个足够小的值（如-9E+307），从而将错误值排除。

图 7-73

❺ 单击"姓名"字段右侧的下拉按钮，在下拉菜单中依次选择"值筛选"→"大于"命令，如图 7-74 所示，打开"值筛选（姓名）"对话框，设置"求和项:营销额（万）"大于"-9E+307"，如图 7-75 所示。

图 7-74

图 7-75

❻ 单击"确定"按钮，执行筛选后，错误值所在行将被隐藏。然后选中"增长率"下面的数据，在"开始"选项卡的"数字"组中单击下拉按钮，在打开的列表中单击"百分比"，如图 7-76 所示。

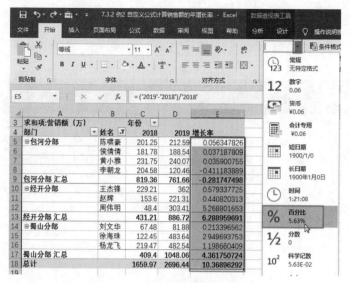

图 7-76

❼ 将显示百分比值的单元格区域设置一个特殊底纹以达到突出显示的效果,如图 7-77 所示。

	A	B	C	D	E
3	求和项:营销额(万)		年份		
4	部门	姓名	2018	2019	增长率
5	⊟包河分部	陈啸豪	201.25	212.59	5.63%
6		侯倩倩	181.78	188.54	3.72%
7		黄小雅	231.75	240.07	3.59%
8		李朝龙	204.58	120.46	-41.12%
9	包河分部 汇总		819.36	761.66	-28.17%
10	⊟经开分部	王杰锋	229.21	362	57.93%
11		赵辉	153.6	221.31	44.08%
12		周伟明	48.4	303.41	526.88%
13	经开分部 汇总		431.21	886.72	628.90%
14	⊟蜀山分部	刘文华	67.48	81.88	21.34%
15		徐海珠	122.45	483.64	294.97%
16		杨龙飞	219.47	482.54	119.87%
17	蜀山分部 汇总		409.4	1048.06	436.18%
18	总计		1659.97	2696.44	1036.90%

图 7-77

7.3.3 修改或删除计算字段和项

当建立的自定义的计算字段和计算项需要修改时(如重新修改计算公式),可以按本小节操作进行更改。如果不再需要自定义的计算字段和计算项时,也可以将其彻底删除。

例 1:修改或删除计算字段

如果建立的计算字段需要重新修改公式时,其操作方法如下。

❶ 单击数据透视表中的任意单元格,在"数据透视表工具→分析"选项卡的"计算"组中单击"字段、项目和集"按钮,在下拉菜单中选择"计算字段"命令,如图7-78所示,弹出"插入计算字段"对话框。

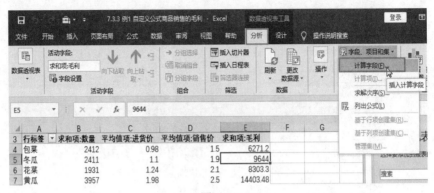

图 7-78

❷ 单击"名称"框右侧的下拉按钮,选择要修改的计算字段的名称,如图7-79所示,此时"添加"按钮会变成"修改"按钮。

❸ 在"公式"文本框中重新编辑公式,如图7-80所示,然后单击"修改"按钮或直接单击"确定"按钮即可完成计算字段的修改。

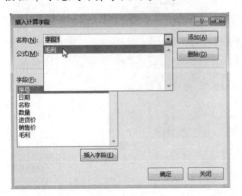

图 7-79

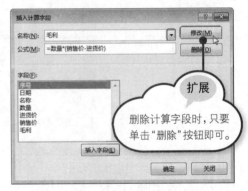

图 7-80

扩展

删除计算字段时,只要单击"删除"按钮即可。

例2:修改或删除计算项

如果建立的计算项不正确或者不适合的时候,就可以按以下操作修改。

❶ 单击数据透视表中的任意单元格,在"数据透视表工具→分析"选项卡的"计算"组中单击"字段、项目和集"按钮,在下拉菜单中选择"计算项"命令,如图7-81所示,弹出"在'年份'中插入计

算字段"对话框。

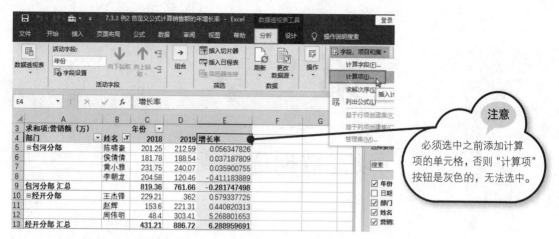

图 7-81

❷ 单击"名称"框右侧的下拉按钮，选择要修改的计算项的名称，此时"添加"按钮变成了"修改"
按钮，在"公式"文本框中重新编辑公式，如图 7-82 所示。

❸ 然后单击"修改"按钮或直接单击"确定"按钮即可完成计算项的修改。

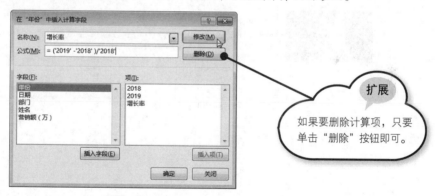

图 7-82

第 8 章

动态数据透视表

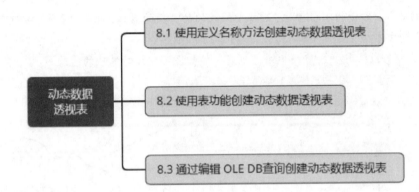

动态数据
透视表

8.1 使用定义名称方法创建动态数据透视表

8.2 使用表功能创建动态数据透视表

8.3 通过编辑 OLE DB查询创建动态数据透视表

8.1 使用定义名称方法创建动态数据透视表

在日常工作中，除了使用固定的数据创建数据透视表进行分析外，很多情况下数据源表格是实时变化的，比如销售数据表需要不断地添加新的销售记录数据进去，这样在创建数据透视表后，如果想得到最新的统计结果，每次都要手动重设数据透视表的数据源，非常麻烦。遇到这种情况就可以按如下方法创建动态数据透视表。

❶ 当前的"销售"工作表部分数据如图 8-1 所示。在当前表格的"公式"选项卡的"定义的名称"组中单击"定义名称"按钮，打开"名称管理器"对话框，如图 8-2 所示。

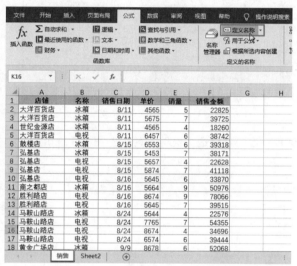

图 8-1

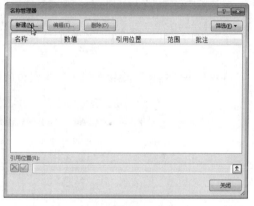

图 8-2

❷ 单击"新建"按钮，弹出"新建名称"对话框，在"名称"文本框中输入"Date"，在"引用位置"文本框中输入公式"=OFFSET(销售!$A$1,,,COUNTA(销售!$A:$A),COUNTA(销售!$1:$1))"，如图 8-3 所示。

图 8-3

❸ 单击"确定"按钮，返回到"名称管理器"对话框，可以看到所定义的名称，如图 8-4 所示。单击"关闭"按钮，关闭"名称管理器"对话框。

❹ 单击"销售"工作表中的任意单元格，切换至"插入"选项卡的"表格"组中，单击"数据透视表"按钮，弹出"创建数据透视表"对话框，在"表/区域"文本框中输入"Date"名称，如图 8-5 所示。

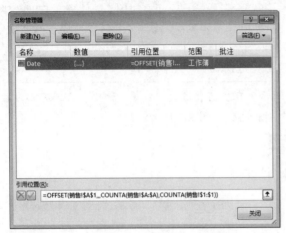

图 8-4 图 8-5

❺ 单击"确定"按钮，创建一张空白的据透视表。添加字段达到统计目的，如图 8-6 所示。

图 8-6

❻ 当"销售"中添加一些新的销售记录数据时，如图 8-7 所示，刷新数据透视表可实现即时更新统计结果，如图 8-8 所示。

	A	B	C	D	E	F
86	港汇店	冰箱	9/5	7674	5	38370
87	港汇店	电视	9/5	7978	4	31912
88	港汇店	电视	9/5	6756	4	27024
89	黄金广场店	冰箱	9/5	4574	7	32018
90	世纪金源店	冰箱	8/7	6756	8	54048
91	明发店	冰箱	8/7	6553	7	45871
92	黄金广场店	冰箱	8/7	5644	7	39508
93	明发店	电视	8/7	5654	4	22616
94	百大店	冰箱	9/2	6586	7	46102
95	港汇店	冰箱	9/2	3656	4	14624
96	黄金广场店	冰箱	9/2	7867	3	23601
97	商之都店	冰箱	9/2	5464	5	27320
98	百大店	冰箱	10/5	5675	6	34050
99	百大店	电视	10/5	8675	4	34700
100	鼓楼店	冰箱	10/5	5464	4	21856
101	鼓楼店	电视	10/5	6853	7	47971
102	拓基广场店	冰箱	8/2	5464	4	21856
103	拓基广场店	冰箱	8/2	7675	6	46050
104	拓基广场店	冰箱	8/2	6553	5	32765
105	明发店	电视	8/2	6575	5	32875
106	弘基店	冰箱	8/3	6553	10	65530
107	马鞍山路店	冰箱	8/4	6553	10	65530

Sheet3　销售　Sheet2　Sheet1　⊕

图 8-7

	A	B	C	D
1				
2				
3	名称	店铺	求和项:销量	求和项:销售金额
4	⊟冰箱	百大店	33	191804
5		大唐国际店	26	162002
6		大洋百货店	28	163629
7		港汇店	21	123697
8		鼓楼店	19	119593
9		国购店	22	116671
		弘基店	17	103701
		黄金广场店	50	310907
		马鞍山路店	14	88106
		明发店	28	150569
15		商之都店	25	149730
		胜利路店	6	52068
16		世纪金源店	31	166980
		拓基广场店	50	291836
18	冰箱 汇总		370	2191293
19	⊟电视	百大店	33	240716
20		大唐国际店	10	52240
21		大洋百货店	10	65766

扩展
可与前面图8-6所示未更新前的数据相比较。

图 8-8

经 验 之 谈

这里解释一下本例中使用的公式:

=OFFSET(销售!$A$1,,,COUNTA(销售!$A:$A),COUNTA(销售!$1:$1))

OFFSET 函数以指定的引用为参照系,通过给定偏移量得到新的引用。返回的引用可以为一个单元格或单元格区域,并可以指定返回的行数或列数。

COUNTA 函数用于统计给定区域的条目数。

因此,此公式是以 A1 单元格为参照,向下偏移行数为 0,向右偏移列数为 0,返回的区域为"销售"这张表 A 列的最后一条记录与"销售"这张表第一行的最后一列这个交叉区域。说得更通俗易懂一点,即当前表格的所有数据。而与直接使用这个数据区域建立数据透视表不同的是,使用公式定义名称再使用这个名称建立数据透视表,则可以实现当数据又新增时,这个数据区域能自动扩展。因为公式能自动重算,即名称所代表的区域则会自动更新。

8.2 使用表功能创建动态数据透视表

使用表功能也可以实现创建动态数据透视表,下面针对如图 8-9 所示的数据表介绍使用表功能创建动态数据透视表的步骤。

❶ 选中数据表中的任意单元格，切换至“插入”选项卡的“表格”组中，单击“表格”按钮，如图 8-10 所示。

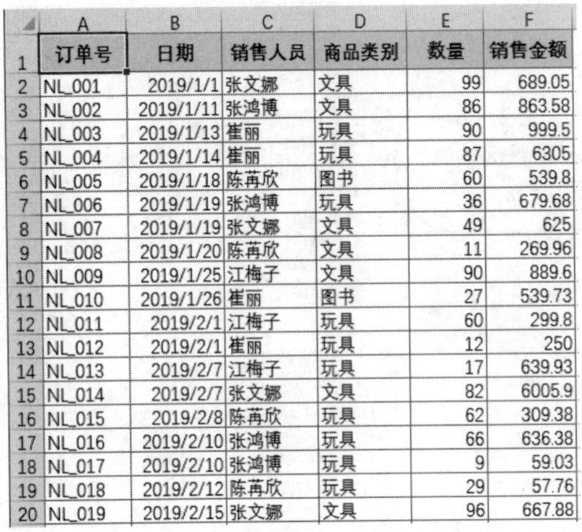

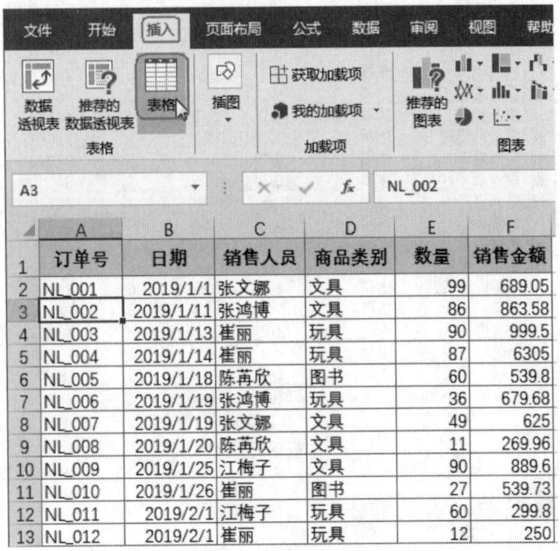

	A	B	C	D	E	F
1	订单号	日期	销售人员	商品类别	数量	销售金额
2	NL_001	2019/1/1	张文娜	文具	99	689.05
3	NL_002	2019/1/11	张鸿博	文具	86	863.58
4	NL_003	2019/1/13	崔丽	玩具	90	999.5
5	NL_004	2019/1/14	崔丽	玩具	87	6305
6	NL_005	2019/1/18	陈苒欣	图书	60	539.8
7	NL_006	2019/1/19	张鸿博	玩具	36	679.68
8	NL_007	2019/1/19	张文娜	文具	49	625
9	NL_008	2019/1/20	陈苒欣	文具	11	269.96
10	NL_009	2019/1/25	江梅子	文具	90	889.6
11	NL_010	2019/1/26	崔丽	图书	27	539.73
12	NL_011	2019/2/1	江梅子	玩具	60	299.8
13	NL_012	2019/2/1	崔丽	玩具	12	250
14	NL_013	2019/2/7	江梅子	玩具	17	639.93
15	NL_014	2019/2/7	张文娜	文具	82	6005.9
16	NL_015	2019/2/8	陈苒欣	玩具	62	309.38
17	NL_016	2019/2/10	张鸿博	玩具	66	636.38
18	NL_017	2019/2/10	张鸿博	玩具	9	59.03
19	NL_018	2019/2/12	陈苒欣	玩具	29	57.76
20	NL_019	2019/2/15	张文娜	文具	96	667.88

图 8-9

	A	B	C	D	E	F
1	订单号	日期	销售人员	商品类别	数量	销售金额
2	NL_001	2019/1/1	张文娜	文具	99	689.05
3	NL_002	2019/1/11	张鸿博	文具	86	863.58
4	NL_003	2019/1/13	崔丽	玩具	90	999.5
5	NL_004	2019/1/14	崔丽	玩具	87	6305
6	NL_005	2019/1/18	陈苒欣	图书	60	539.8
7	NL_006	2019/1/19	张鸿博	玩具	36	679.68
8	NL_007	2019/1/19	张文娜	文具	49	625
9	NL_008	2019/1/20	陈苒欣	文具	11	269.96
10	NL_009	2019/1/25	江梅子	文具	90	889.6
11	NL_010	2019/1/26	崔丽	图书	27	539.73
12	NL_011	2019/2/1	江梅子	玩具	60	299.8
13	NL_012	2019/2/1	崔丽	玩具	12	250

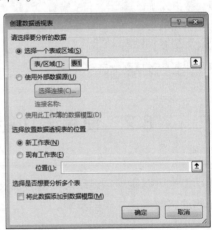

图 8-10

❷ 弹出“创建表”对话框，其中“表数据的来源”默认自动显示为当前数据表单元格区域，如图 8-11 所示。

❸ 单击“确定”按钮完成表的创建，默认名称为“表 1”。

❹ 切换至“插入”选项卡的“表格”组中，单击“数据透视表”按钮，弹出“创建数据透视表”对话框，在“表/区域”文本框中输入“表 1”，如图 8-12 所示。

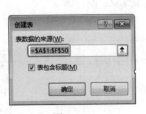

图 8-11

图 8-12

❺ 单击"确定"按钮，创建一张空白动态数据透视表。添加字段达到统计的目的，如图 8-13 所示。

图 8-13

❻ 当"销售记录表"中添加一些新的销售记录数据时（如图 8-14 所示已添加一条新数据），表区域会自动扩展，而使用表区域建立的数据透视表只要经过刷新即可实现即时更新统计结果，如图 8-15 所示。

扩展

可与前面图 8-13 所示未更新前的数据相比较。

	A	B	C	D	E	F
36	NL_035	2019/3/28	陈苒欣	图书	28	639.72
37	NL_036	2019/3/29	张鸿博	玩具	68	575.36
38	NL_037	2019/4/22	江梅子	图书	60	299.8
39	NL_038	2019/4/23	陈苒欣	图书	60	299.8
40	NL_039	2019/4/24	江梅子	玩具	76	656.28
41	NL_040	2019/4/25	张文娜	玩具	96	879.08
42	NL_041	2019/4/25	江梅子	玩具	76	656.28
43	NL_042	2019/4/26	江梅子	文具	80	769.2
44	NL_043	2019/4/27	江梅子	文具	80	769.2
45	NL_044	2019/4/29	张文娜	图书	78	6683.26
46	NL_045	2019/4/5	张鸿博	玩具	90	889.6
47	NL_046	2019/4/18	陈苒欣	图书	93	68.37
48	NL_047	2019/4/22	崔丽	玩具	32	63.68
49	NL_048	2019/4/31	江梅子	文具	80	769.2
50	NL_049	2019/4/31	张鸿博	玩具	9	68.06
51	NL_050	2019/5/1	崔丽	玩具	10	90.74

图 8-14

图 8-15

8.3　通过编辑 OLE DB 查询创建动态数据透视表

　　编辑 OLE DB 查询也是常用的创建动态数据透视表的方法。下面针对如图 8-16 所示的数据表介绍使用编辑 OLE DB 查询的方法创建动态数据透视表的步骤。

　　❶ 切换至"数据"选项卡的"获取外部数据"组中，单击"现有连接"按钮，弹出"现有连接"对话框，单击"浏览更多"按钮，如图 8-17 所示。

图 8-16　　　　　　　　　　　　　　　　　　图 8-17

　　❷ 打开"选取数据源"对话框，定位要创建数据透视表的工作簿的保存位置并选中工作簿，如图 8-18 所示。

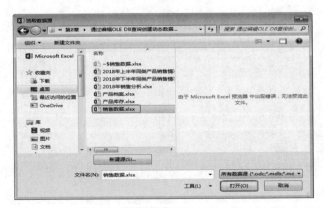

图 8-18

❸ 单击"打开"按钮，打开"选择表格"对话框，选中"店铺销售数据"表格，如图 8-19 所示。

❹ 单击"确定"按钮，打开"导入数据"对话框，选中"数据透视表"与"新工作表"单选框，如图 8-20 所示。

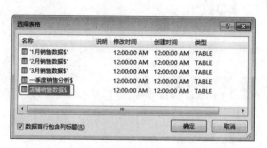

图 8-19

图 8-20

❺ 单击"确定"按钮，创建一张空白动态数据透视表。添加字段达到统计目的，如图 8-21 所示。

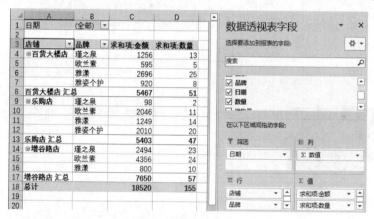

图 8-21

❻ 当"销售数据"表中添加一些新的数据时，只需要刷新数据透视表便可实现即时更新统计结果。

第 9 章

多重合并区域数据透视表

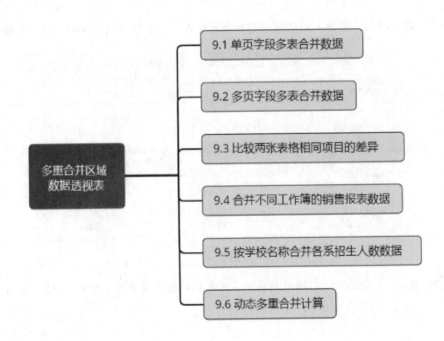

多重合并区域
数据透视表

- 9.1 单页字段多表合并数据
- 9.2 多页字段多表合并数据
- 9.3 比较两张表格相同项目的差异
- 9.4 合并不同工作簿的销售报表数据
- 9.5 按学校名称合并各系招生人数数据
- 9.6 动态多重合并计算

9.1　单页字段多表合并数据

多重合并计算数据区域的数据透视表可以汇总显示所有数据源表合并计算后的结果，也可以将每个数据源表显示为页字段中的一项，通过页字段中的下拉列表可以分别显示各个数据表中的汇总数据。图 9-1~图 9-3 所示为一张工作簿中的多工作表，下面介绍创建多表合并数据的数据透视表的步骤。

	A	B	C	D
1	序号	日期	类别	金额
2	001	1/8	办公用品采购费	342
3	002	1/11	差旅费	453
4	003	1/1	福利用品采购费	6743
5	004	1/15	设计稿费	4564
6	005	1/17	差旅费	573
7	006	1/21	包装费	544
8	007	1/26	办公用品采购费	343

▶ | 1月费用 | 2月费用 | 3月费用 | 4月费用

图 9-1

	A	B	C	D
1	序号	日期	类别	金额
2	001	2/3	差旅费	645
3	002	2/6	差旅费	5464
4	003	2/9	办公用品采购费	463
5	004	2/12	包装费	64
6	005	2/16	差旅费	365
7	006	2/20	包装费	576
8	007	2/23	福利用品采购费	7532
9	008	2/26	福利用品采购费	4756
10	009	2/28	设计稿费	974

◀ | 1月费用 | 2月费用 | 3月费用 | 4月费用

图 9-2

	A	B	C	D
1	序号	日期	类别	金额
2	001	3/2	差旅费	534
3	002	3/6	办公用品采购费	463
4	003	3/8	包装费	756
5	004	3/11	福利用品采购费	567
6	005	3/15	福利用品采购费	4535
7	006	3/18	包装费	675
8	007	3/21	包装费	767
9	008	3/24	福利用品采购费	7896
10	009	3/26	设计稿费	974
11	010	3/28	设计稿费	674
12	011	3/30	快递费用	974

◀ | … | 3月费用 | 4月费用 | 5月费用 | 6月费用

图 9-3

❶ 单击工作簿中的任意一个工作表中的任意一个单元格，依次按下 Alt+D+P 组合键，弹出"数据透视表和数据透视图向导-步骤 1（共 3 步）"对话框，选择"多重合并计算数据区域"单选按钮，在"所需创建的报表类型"栏下选择"数据透视表"单选按钮，如图 9-4 所示。

图 9-4

❷ 单击"下一步"按钮，弹出"数据透视表和数据透视图向导-步骤 2a（共 3 步）"对话框，选中"自定义页字段"单选按钮，单击"下一步"按钮，如图 9-5 所示。弹出"数据透视表和数据透视图向导-第 2b 步，共 3 步"对话框，如图 9-6 所示。

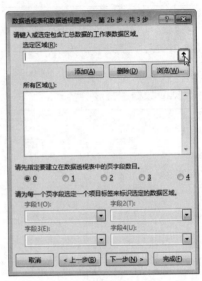

图 9-5   图 9-6

❸ 此时光标位于"选定区域"设置框中，单击右侧的拾取器按钮进入"1 月费用"表中，选中数据区域 C1:D8 单元格区域，如图 9-7 所示。

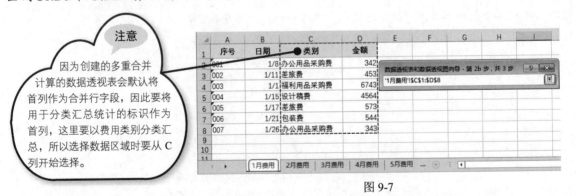

注意

因为创建的多重合并计算的数据透视表会默认将首列作为合并行字段，因此要将用于分类汇总统计的标识作为首列，这里要以费用类别分类汇总，所以选择数据区域时要从 C 列开始选择。

图 9-7

❹ 单击拾取器回到"数据透视表和数据透视图向导-第 2b 步，共 3 步"对话框中，单击"添加"按钮，则选定的区域将添加到"所有区域"列表框中，如图 9-8 所示。重复操作，将各个表中的用于创建数据透视表的数据区域都添加至"所有区域"列表中，如图 9-9 所示。

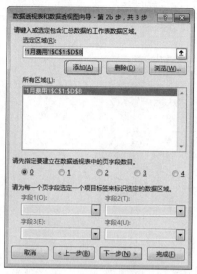

图 9-8

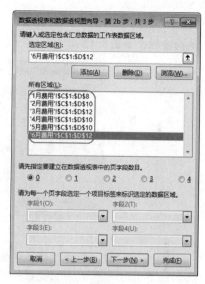

图 9-9

❺ 在"请先指定要建立在数据透视表中的页字段数目"中选中"1",此时"请为每一个页字段选定一个项目标签来标识选定的数据区域"被激活,在"所有区域"中选中第一个单元格区域,并在"字段1"文本框中输入"1月汇总",如图9-10所示。

❻ 在"所有区域"中选中第二个单元格区域,并在"字段1"文本框中输入"2月汇总",依次重复操作,将各个区域分别指定项目标签,如图9-11所示。

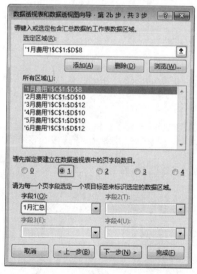

图 9-10

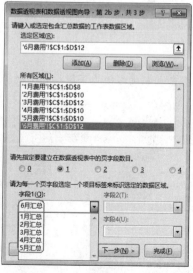

图 9-11

❼ 单击"下一步"按钮，进入"数据透视表和数据透视图向导-步骤3（共3步）"对话框，选中"新工作表"单选按钮，如图 9-12 所示。

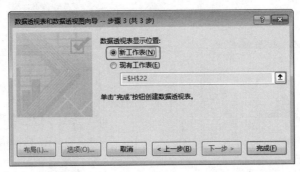

图 9-12

❽ 单击"完成"按钮，创建的动态数据透视表如图 9-13 所示。

图 9-13

❾ 单击页字段右侧的下拉按钮，打开下拉菜单，选中需要查看的标签，如图 9-14 所示。单击"确定"按钮可以实现只查看某个表的汇总结果，如图 9-15 所示。

图 9-14

图 9-15

经验之谈

　　创建"多重合并计算数据区域"数据透视表时，默认总将选择的目标区域的第一列除了列标题外的数据合并作为"行"字段的项目，比如本例中要以费用类别分类汇总，所以选择数据区域时要从 C 列开始选择，如果从 A 列开始选择，则建立数据透视表后将找不到分类汇总的依据，建立的数据透视表也达到不分类汇总统计的目的。其余列的第一行数据都合并作为"列"字段项目，除了第一列和第一行以外的数据都合并作为"值"字段的项目。

　　单击页字段右侧的下拉按钮，打开下拉菜单，选中"选择多项"复选框，选中任意想查看的多个标签，如图 9-16 所示。单击"确定"按钮可以实现查看任意几个表的汇总结果，如图 9-17 所示。

图 9-16

图 9-17

9.2　多页字段多表合并数据

　　在上一小节中我们学习到可以通过在"页 1"字段中筛选查看不同表格（各月份的）的统计数据，如果创建多页字段多表合并数据透视表，则还可以实现筛选查看季度、半年度的汇总数据。下面例子是沿用上一小节实例介绍同时添加月与半年度筛选页字段。

❶ 按上一小节操作进行到第❻步中。

❷ 在"请先指定要建立在数据透视表中的页字段数目"中选中"2"，此时"请为每一个页字段选定一个项目标签来标识选定的数据区域"被激活两个字段，在"所有区域"中选中第一个单元格区域，并在"字段 1"文本框中输入"1 月"，在"字段 2"文本框中输入"一季度"（因为这个单元格区域既是 1 月又属于第一季度），如图 9-18 所示。

❸ 在"所有区域"中选中第二个单元格区域，并在"字段 1"文本框中输入"2 月"，在"字段 2"文本框中输入"一季度"（因为这个单元格区域既是 2 月又属于第一季度），如图 9-19 所示。

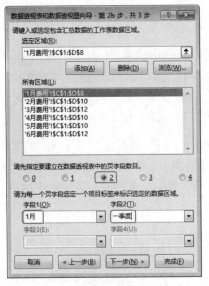

图 9-18

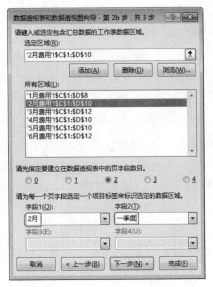

图 9-19

❹ 依次重复操作，将各个区域分别指定项目标签，如图 9-20 和图 9-21 所示。

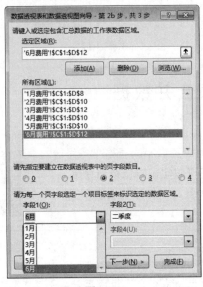

图 9-20

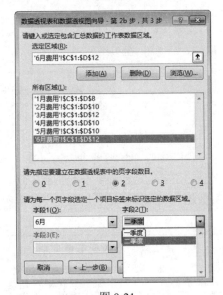

图 9-21

❺ 单击"下一步"按钮，进入"数据透视表和数据透视图向导-步骤 3（共 3 步）"对话框，选中"新工作表"单选按钮，如图 9-22 所示。

❻ 单击"完成"按钮，创建的动态数据透视表如图 9-23 所示。

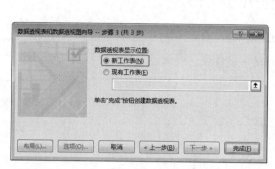

图 9-22

图 9-23

❼ 通过"页1"和"页2"可以实现筛选查看统计数据。例如，单击"页1"右侧的下拉按钮，打开下拉菜单，通过选择月份可以实现按月份查看统计结果，如图9-24所示。

扩展

可以选择单个月，也可以一次选择多个月，即与9.1节中达到的效果一样。

图 9-24

❽ 单击"页2"右侧的下拉按钮，打开下拉菜单，选中"一季度"，如图9-25所示。单击"确定"按钮，得出的统计结果是前三张数据表的合计结果，如图9-26所示。

图 9-25

图 9-26

9.3　比较两张表格相同项目的差异

图 9-27 和图 9-28 所示为两个月份的费用统计表，要求建立数据透视表按费用类别进行汇总，并且能比较相同项目的差异。

	A	B
1	类别	金额
2	差旅费	453
3	福利用品采购费	6743
4	设计稿费	4564
5	包装费	544
6	办公用品采购费	343
7	餐饮费	4534
8	交通费	545
9	运输费	4354
10	通信费	675
11	外加工费	787

图 9-27

	A	B
1	类别	金额
2	差旅费	645
3	办公用品采购费	463
4	包装费	64
5	差旅费	365
6	福利用品采购费	4756
7	设计稿费	974
8	会务费	3646
9	业务拓展费	7645
10	水电费	434

图 9-28

❶ 按 9.1 节的操作进行到第❸步中，如图 9-29 所示。

❷ 单击"选定区域"右侧拾取器按钮，回到"1 月费用"表中选中 A1:B11 单元格区域，单击"添加"按钮；按相同方法将"2 月费用"表中 A1:B10 单元格区域也添加到下面的列表中，如图 9-30 所示。

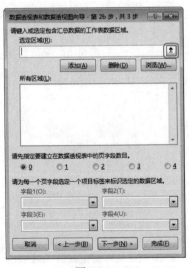

图 9-29

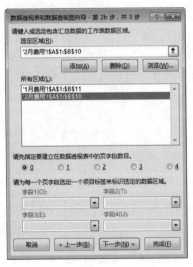

图 9-30

❸ 在"请先指定要建立在数据透视表中的页字段数目"中选中"1"，此时"请为每一个页字段选定一个项目标签来标识选定的数据区域"被激活，在"所有区域"中选中第一个单元格区域，在"字段 1"文本框中输入"1 月费用"，在"所有区域"中选中第二个单元格区域，并在"字段 1"文本框中输入"2 月费用"，图 9-31 所示完成了两个项目标签的创建。

❹ 依次单击"下一步"→"完成"按钮，创建的数据透视表如图 9-32 所示。

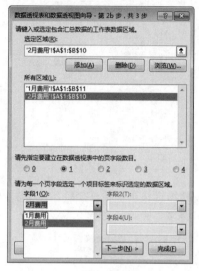

图 9-31

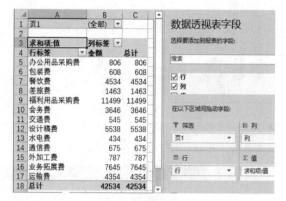

图 9-32

❺ 将"列"从列标签区域拖出，再将"页 1"拖入列标签区域，数据透视表的统计结果更改为如图 9-33 所示。

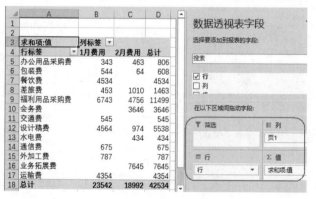

图 9-33

❻ 切换到"数据透视表工具→设计"选项卡的"布局"组中，单击"总计"按钮，在下拉菜单中选择"仅对列启用"命令，如图 9-34 所示。即可让数据透视表取消行汇总，如图 9-35 所示。

图 9-34   图 9-35

❼ 选中"1月费用"或"2月费用"标签所在单元格，在"数据透视表工具→分析"选项卡的"计算"组中单击"字段、项目和集"按钮，在下拉列表中选择"计算项"命令，如图 9-36 所示。

图 9-36

❽ 打开"在'页1'中插入计算字段"对话框，输入名称为"差额"，设置公式为"='1月费用'-'2月费用'"，如图 9-37 所示。

❾ 单击"确定"按钮可以看到数据透视表中添加了"差额"字段，显示出两个月份各项费用支出差额，如图 9-38 所示。

图 9-37

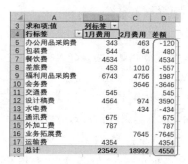

图 9-38

9.4 合并不同工作簿的销售报表数据

如果源数据位于不同的工作簿中，也可以合并不同工作簿的数据创建数据透视表。例如，本例中一季度的销售数据与二季度的销售数据分别保存于不同的工作簿中，现在要将这两张工作簿中的数据合并创建数据透视表。

❶ 新建一个空白工作簿，并将"一季度销售"与"二季度销售"两个工作簿都打开。

❷ 选中新工作簿中的任意单元格，按9.1节的操作进行到第❸步中，如图9-39所示。

❸ 单击"选定区域"右侧的拾取器按钮，切换至"一季度销售"中，在目标工作表中选中销售数据，如图9-40所示。

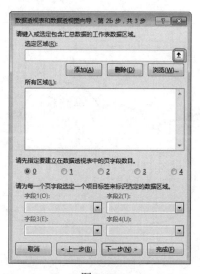

图 9-39

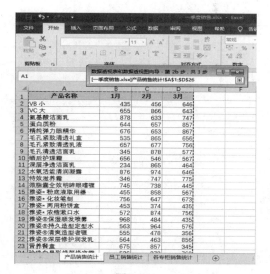

图 9-40

❹ 单击拾取器按钮回到"数据透视表和数据透视图向导-第 2b 步，共 3 步"对话框中，单击"添加"按钮，则选定的区域将添加到"所有区域"列表框中，如图 9-41 所示。

❺ 重复❸和❹步的操作，将"二季度销售"工作簿中显示销售数据的区域添加至"所有区域"列表框中。

❻ 在"请先指定要建立在数据透视表中的页字段数目"中选中"1"，此时"请为每一个页字段选定一个项目标签来标识选定的数据区域"被激活，在"所有区域"中选中第一季度单元格区域，在"字段 1"文本框中输入"1 季度"，如图 9-42 所示。在"所有区域"中选中第二季度单元格区域，并在"字段 1"文本框中输入"2 季度"，如图 9-43 所示。

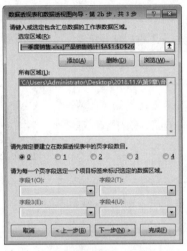

图 9-41

图 9-42

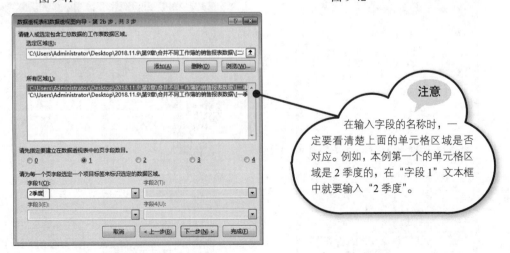

图 9-43

注意

在输入字段的名称时，一定要看清楚上面的单元格区域是否对应。例如，本例第一个的单元格区域是 2 季度的，在"字段 1"文本框中就要输入"2 季度"。

❼ 单击"下一步"按钮，进入"数据透视表和数据透视图向导-步骤3（共3步）"对话框中，选中"现有工作表"单选按钮，并设置起始单元格为A1，如图9-44所示。

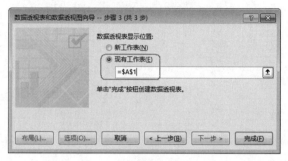

图 9-44

❽ 单击"完成"按钮，即以两个工作簿中的销售数据创建了合并计算的数据透视表，如图 9-45 所示。

行标签	1月	2月	3月	4月	5月	6月	总计
VB 小	435	456	646	657	574	646	3414
VC 大	655	866	643	574	756	775	4269
氨基酸洁面乳	878	633	747	654	798	445	4155
蛋白质粉	644	657	857	656	434	567	3815
精纯弹力眼精华	676	653	867	684	764	673	4317
毛孔紧致清透礼盒	535	865	656	435	866	435	3792
毛孔紧致清透乳液	657	677	756	336	897	756	4079
毛孔清透洁面乳	345	878	577	765	545	577	3687
晒后护理霜	656	546	567	867	675	567	3878
深层净透洁面乳	234	865	464	646	675	464	3348
水氧活能清润凝露	876	974	646	546	463	356	3861
特效滋养霜	346	747	775	876	643	856	4243
微脂囊全效明眸眼嘻喱	745	738	445	675	754	345	3702
雅姿*粉底液取用器	455	858	567	543	464	768	3655
雅姿*化妆笔刨	756	647	673	867	656	463	4062
雅姿*两用粉饼盒	453	374	435	654	655	453	3024
雅姿*浓缩漱口水	572	874	756	453	796	756	4207
雅姿®保湿顺发喷雾	968	484	435	876	643	435	3841

图 9-45

9.5　按学校名称合并各系招生人数数据

图 9-46 和图 9-47 所示两个表格中"学校名称"中有重复名称也有不重复名称，要求将两个表格按学校名称合并各系招生人数，形成一张汇总表。

	A	B	C
1	学校名称	中文系（人）	数学系（人）
2	中国人民大学	3	4
3	武汉大学	5	6
4	南京大学	6	4
5	中山大学	3	6
6	国防科技大学	7	4
7	吉林大学	7	7
8	华中科技大学	4	8
9	四川大学	7	4
10	天津大学	3	6
11	西安交通大学	3	3
12	南开大学	4	6
13	中国科技大学	8	7
14	中南大学	5	9

图 9-46

	A	B	C
1	学校名称	计算机系（人）	商务系（人）
2	北京师范大学	6	4
3	武汉大学	7	6
4	四川大学	3	8
5	中山大学	9	9
6	国防科技大学	8	4
7	华南理工大学	6	6
8	东南大学	4	7
9	南京大学	7	4
10	同济大学	4	5
11	吉林大学	7	8
12	华中科技大学	9	7
13	厦门大学	3	6
14	天津大学	7	4
15	中南大学		

图 9-47

❶ 按 9.1 节操作进行到第❸步中，如图 9-48 所示。

❷ 单击"选定区域"右侧的拾取器按钮，回到 sheet1 表中选中 A1:C14 单元格区域，如图 9-49 所示。

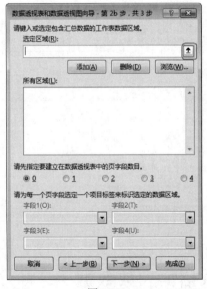

图 9-48

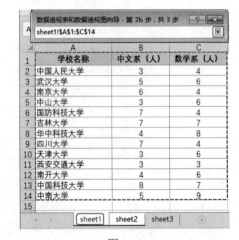

图 9-49

❸ 单击拾取器按钮回到"数据透视表和数据透视图向导-第 2b 步，共 3 步"对话框中，单击"添加"按钮。按相同的步骤将 sheet2 表中的数据区域也添加到"所有区域"列表框中，如图 9-50 所示。

❹ 依次单击"下一步"→"完成"按钮，创建的数据透视表如图 9-51 所示，达到所需要的统计目的。

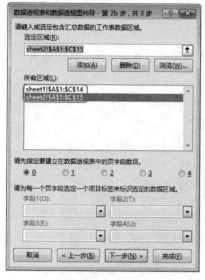

求和项:值	列标签				
行标签	计算机系（人）	商务系（人）	数学系（人）	中文系（人）	总计
北京师范大学	6	4			10
东南大学	4	7			11
国防科技大学	8	4	4	7	23
华南理工大学	6	6			12
华中科技大学	9	7	8	4	28
吉林大学	7	8	7	7	29
南京大学	7	4		6	21
南开大学			6	4	10
厦门大学	3	6			9
四川大学	3	4		7	22
天津大学	7	4		6	20
同济大学	4	5			9
武汉大学	7	6	6	5	24
西安交通大学			3	6	6
中国科技大学			7	8	15
中国人民大学			4	3	7
中南大学				5	14
中山大学	9	9	3	3	27
总计	80	78	74	65	297

图 9-50　　　　　　　　　　图 9-51

9.6　动态多重合并计算

如果各个工作表中源数据有可能会不断变化，那么在创建多重合并计算的数据透视表时，则需要为其创建动态的数据透视表，从而实现当各表格中数据变化时，数据透视表能实时更新。图 9-52~图 9-54 所示为三张表格中的不同的销售数据，产品名称有重复的，也有不重复的。现在以此为例介绍创建动态多重合并计算数据透视表的步骤。

图 9-52　　　　　　　图 9-53　　　　　　　图 9-54

❶ 选中"销售 1 部"数据表中的任意单元格，切换至"插入"选项卡的"表格"组中，单击"表格"按钮，如图 9-55 所示。

❷ 弹出"创建表"对话框，其中"表数据的来源"默认自动显示为当前数据区域，取消选中"表包含标题"复选框（此设置是关键），如图 9-56 所示。

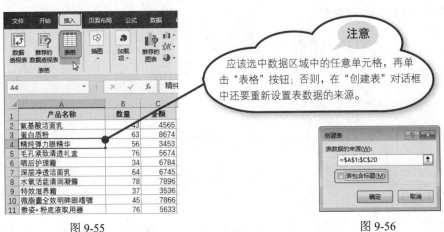

图 9-55   图 9-56

❸ 单击"确定"按钮即可将表格创建为一个名称为"表 1"的动态区域，如图 9-57 所示。

❹ 按相同的方法将"销售 2 部"工作表与"销售 3 部"工作表的数据区域全部创建为动态区域，默认名称会是"表 2""表 3"。

❺ 按 9.1 节的操作进行到第❸步中，在"选定区域"框中输入"表 1"，单击"添加"按钮将其添加至"所有区域"列表中，如图 9-58 所示。

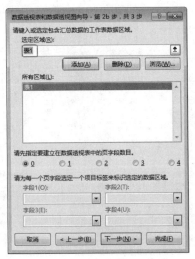

图 9-57   图 9-58

❻ 重复相同的操作依次将"表2""表3"都添加至"所有区域"列表，如图9-59所示。

❼ 依次单击"下一步"→"完成"按钮，创建的数据透视表对三张表格的数据进行了合并统计，如图9-60所示。

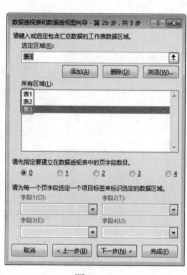

图 9-59

图 9-60

❽ 当三张表格中有数据添加时，表格区域会自动扩展，只要刷新数据透视表，即可得到更新后的统计结果。

第 10 章

数据透视图

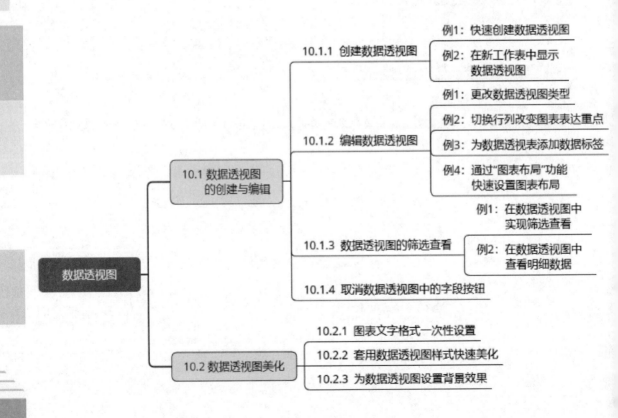

- 数据透视图
  - 10.1 数据透视图的创建与编辑
    - 10.1.1 创建数据透视图
      - 例1：快速创建数据透视图
      - 例2：在新工作表中显示数据透视图
    - 10.1.2 编辑数据透视图
      - 例1：更改数据透视图类型
      - 例2：切换行列改变图表表达重点
      - 例3：为数据透视表添加数据标签
      - 例4：通过"图表布局"功能快速设置图表布局
    - 10.1.3 数据透视图的筛选查看
      - 例1：在数据透视图中实现筛选查看
      - 例2：在数据透视图中查看明细数据
    - 10.1.4 取消数据透视图中的字段按钮
  - 10.2 数据透视图美化
    - 10.2.1 图表文字格式一次性设置
    - 10.2.2 套用数据透视图样式快速美化
    - 10.2.3 为数据透视图设置背景效果

10.1　数据透视图的创建与编辑

数据透视图可以将数据透视表中的统计数据立即图示化，通过数据透视图可以更便于对统计数据的查看、比较、分析等。数据透视图有很多类型，用户可以根据当前数据的实际情况选择合适的数据透视图。本节将介绍如何创建和编辑数据透视图。

10.1.1　创建数据透视图

数据透视图建立在数据透视表基础上，其可以在原数据透视表上显示，也可以在新工作表中显示。

例 1：快速创建数据透视图

用户可以依据已创建的数据透视表快速创建数据透视图，从而用图表直观体现数据。

❶ 单击数据透视表区域中的任意单元格，在"数据透视表工具→分析"选项卡的"工具"组中单击"数据透视图"按钮，如图 10-1 所示。

图 10-1

❷ 打开"插入图表"对话框，选择合适的图表类型，本例中选择默认的簇状柱形图，如图 10-2 所示。

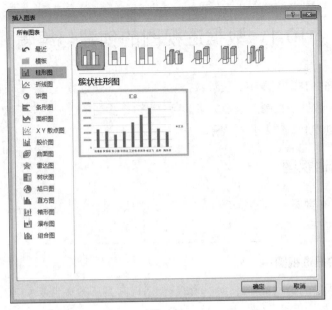

图 10-2

❸ 单击"确定"按钮即可创建数据透视图，如图 10-3 所示。通过图表可以直观地比较每位销售员的销售额情况。

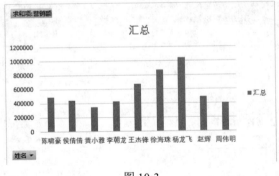

图 10-3

经验之谈

新用户在初次创建图表时常会陷入困惑，不清楚一组数据到底应该选择哪种类型的图表来分析才合适。其实不同类型的图表在表达数据方面是有讲究的，有些适合做对比；有些适合用来表现趋势，那么具体该如何选择呢？数据主要有四种关系，即构成、比较、趋势、分布，理清想表达哪一种数据关系，有助于对图表类型的选择。

➤ "构成"主要是关注每个部分占整体的百分比，比如要表达的信息包括"份额""百分比"以及"预计将达到百分之多少"，这些情况下都可以使用饼图图表。

- "比较"可以展示事物的排列顺序，是差不多，还是一个比另一个更多或更少。柱形图与条形图就可以通过柱子的长短表达数据的多与少。
- "趋势"是最常见的一种时间序列关系，它可以展示一组数据随着时间变化而变化，每周、每月、每年的变化趋势是增长、减少、上下波动或基本不变，这时候可以使用折线图表达数据指标随时间呈现的趋势。
- "分布"是表示各数值范围内各包含了多少项目，典型的信息包含"集中""频率"与"分布"等，这类数据分析可以使用面积图、直方图等来展现。

例2：在新工作表中显示数据透视图

新建的数据透视图默认会显示在数据透视表所在的工作表中，用户可以将新建的数据透视图显示在一个新的工作表中。

❶ 选中要显示的数据透视图，在"数据透视表工具→设计"选项卡的"位置"组中单击"移动图表"按钮，如图 10-4 所示。

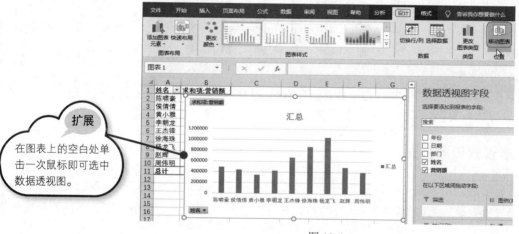

图 10-4

❷ 弹出"移动图表"对话框，在其中选择"新工作表"单选按钮，如图 10-5 所示。

图 10-5

219

❸ 单击"确定"按钮，则在名称为 Chart1 的新工作表中显示创建的数据透视图，如图 10-6 所示。

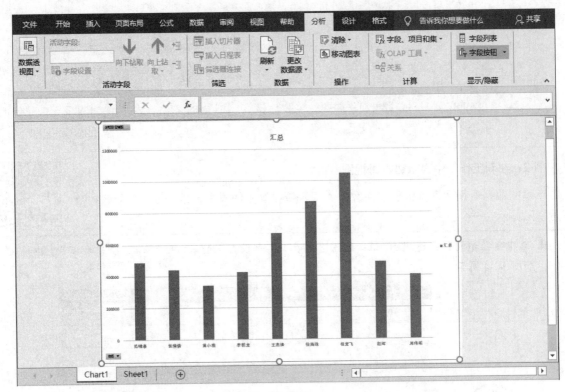

图 10-6

10.1.2 编辑数据透视图

数据透视图建立后，还可以对其做一些修改或完善工作。例如，可以更改图表的类型，切换行列改变图表表达重点，为数据透视表添加数据标签等，也可以通过"图表布局"功能快速设置图表布局。

例 1：更改数据透视图类型

创建数据透视图后，如果感觉图表类型不合适，则可以快速更改数据透视图类型，而不必重新建立。

❶ 单击数据透视表区域中的任意单元格，在"数据透视表工具→设计"选项卡的"类型"组中单击"更改图表类型"按钮，如图 10-7 所示。

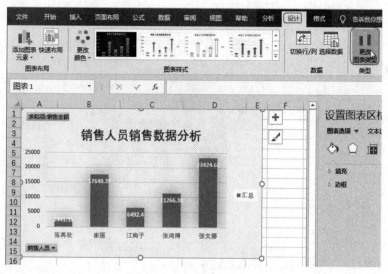

图 10-7

❷ 打开"更改图表类型"对话框,重新选择需要的图表类型,如图 10-8 所示。

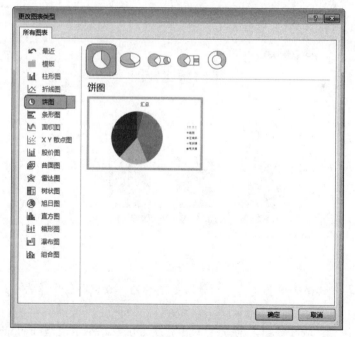

图 10-8

❸ 单击"确定"按钮即可更改数据透视图的类型,如图 10-9 所示。

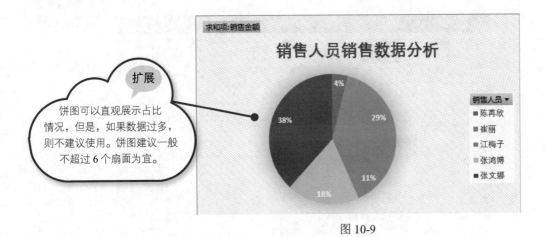

图 10-9

例 2：切换行列改变图表表达重点

在创建数据透视图时，程序会根据当前行列标识自动确定图表的行列，如果默认显示的分析结果不是所需要的，则可以通过"切换行/列"命令来转换图表的表达重点。

❶ 如图 10-10 所示图表，其表达重点在于比较各种系列商品的销售金额。

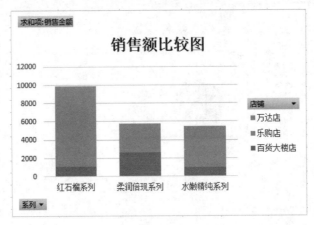

图 10-10

❷ 选中图表，在"数据透视表工具→设计"选项卡的"数据"组中单击"切换行/列"按钮，如图 10-11 所示。

❸ 执行上述操作后，即可将图表的表达重点更改为比较几个不同店铺的销售金额，如图 10-12 所示。

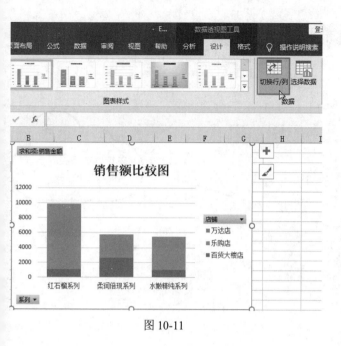

图 10-11

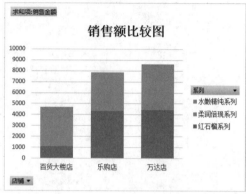

图 10-12

经验之谈

　　执行该操作的数据透视图必须同时设置了行标签和列标签，这样的图表既有系列也有分类，当执行"切换行/列"后，分类与系列做了调换，所以会显示不同的分析结果。如果图表只有系列而没有分类（即数据透视表只设置了行标签或只设置了列标签），则没有必要进行"切换行/列"的操作。

例 3：为数据透视表添加数据标签

　　添加数据标签是为了让图表中图形代表的数据更直观地显示出来，其添加方法如下。

　　❶ 选中数据系列，在"数据透视表工具→设计"选项卡的"图表布局"组中单击"添加图表元素"按钮，在下拉列表中选择"数据标签"→"数据标签内"命令，如图 10-13 所示。
　　❷ 执行上述操作后，数据系列上即添加了值数据标签，如图 10-14 所示。

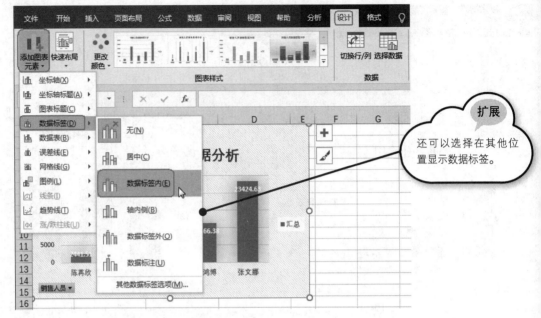

图 10-13

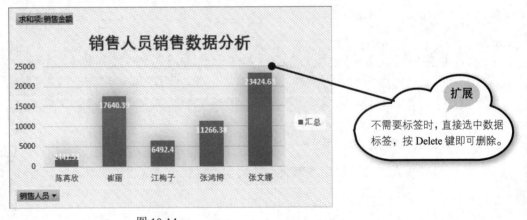

图 10-14

例 4：通过"图表布局"功能快速设置图表布局

图表布局是程序内置的已经添加了某些元素或是进行了某些格式设置的样式，套用布局可以实现一次应用多种格式，这是图表编辑过程中的一个捷径。

❶ 选中数据透视图，在"数据透视表工具→设计"选项卡的"图表布局"组中单击"快速布局"按钮，在打开的下拉菜单中选择需要的图表布局，如图 10-15 所示。

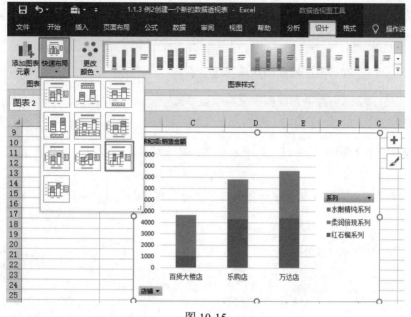

图 10-15

❷ 如本例中选用"布局 9",单击后,在数据透视图的上方添加了"图表标题"编辑框,并添加了系列的数据标签,系列不重叠显示了,效果如图 10-16 所示。在"图表标题"编辑框中输入图表的标题,如图 10-17 所示。

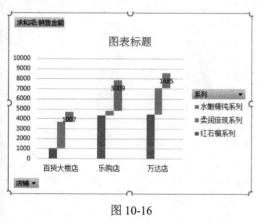

图 10-16

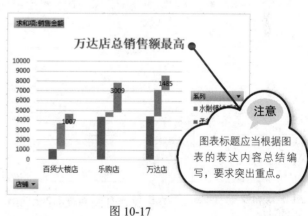

图 10-17

10.1.3 数据透视图的筛选查看

建立数据透视图后,图表中默认包含字段按钮,通过这些按钮可以实现对数据透视图筛选查看。当数据透视图数据较多时，还可以设置显示某系列的明细数据。通过筛选后的图表可以更具针对性地查看与比较数据。

例1：在数据透视图中实现筛选查看

例如，本例数据透视图中只需要显示某一个系列商品的销售情况，可按以下操作筛选查看。

❶ 单击"系列"右侧的下拉按钮，选中只想显示的系列商品，不想显示的取消前面的复选框，如图10-18所示。

❷ 单击"确定"按钮即可让数据透视图只显示部分数据，如图10-19所示。

图 10-18

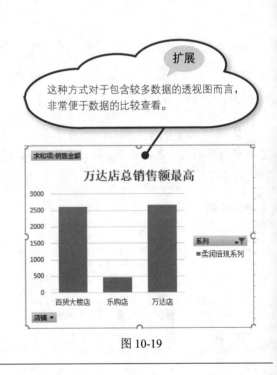

> 扩展
>
> 这种方式对于包含较多数据的透视图而言，非常便于数据的比较查看。

图 10-19

例2：在数据透视图中查看明细数据

在数据透视图中可以实现快速查看某个系列的明细数据，具体操作方法如下。

❶ 选中"万达店"分类标签，右击，从弹出的快捷菜单中选择"展开/折叠"→"展开"命令，如图10-20所示。

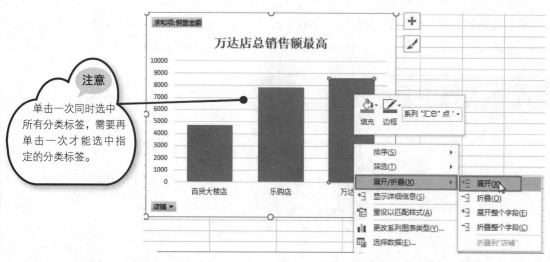

图 10-20

❷ 打开"显示明细数据"对话框，选中要查看的明细数据的字段，如本例中选择"系列"，如图 10-21 所示。

❸ 单击"确定"按钮，即可在图表中显示出"万达店"的"系列"明细数据，如图 10-22 所示。

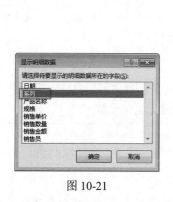

图 10-21

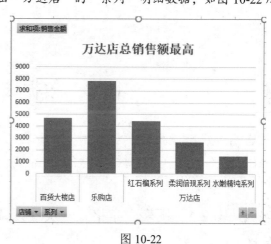

图 10-22

10.1.4　取消数据透视图中的字段按钮

建立的数据透视图默认包含字段按钮，如果数据透视图完全建立完毕，预备生成报表，则可以取消显示这些按钮。

选中数据透视图，在"数据透视表工具→分析"选项卡的"显示"组中单击"字段按钮"按钮，在下拉菜单中选择"全部隐藏"命令（如图 10-23 所示），隐藏后图表效果如图 10-24 所示。

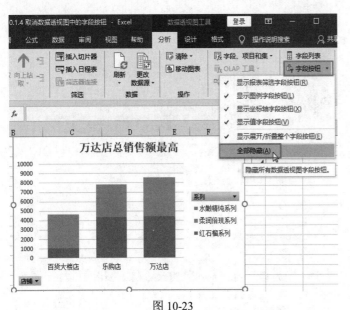

图 10-23

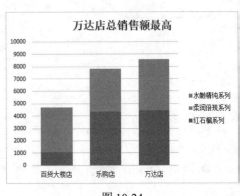

图 10-24

10.2　数据透视图美化

如果建立的数据透视图不但要用于数据查看与分析，还要生成相应的分析报告，那么对数据透视图的美化操作也必不可少。可以对数据图中的文字格式、背景效果等进行美化设置。

10.2.1　图表文字格式一次性设置

数据透视图中默认字体为宋体五号字，通过选中不同对象可以分别设置文字格式，也可以一次性进行文字格式设置。

选中数据透视图的图表区（注意是图表区），在"开始"选项卡的"字体"组中可以设置字体、字形等，如图 10-25 所示。

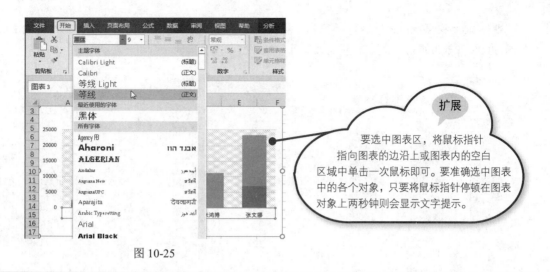

图 10-25

10.2.2　套用数据透视图样式快速美化

　　图表样式是程序内置的一些可以直接套用的样式，通过套用样式可以实现一键快速美化图表。套用样式后不仅仅是改变了图表的填充颜色、边框线条等，同时也有布局的修整。对于初学者来说，建议用户可以先套用图表样式，然后再进行局部补充修整。

　　❶ 选中创建好的数据透视图，在"数据透视表工具→设计"选项卡的"图表样式"组中单击"其他"按钮，展开样式库列表，如图 10-26 所示。

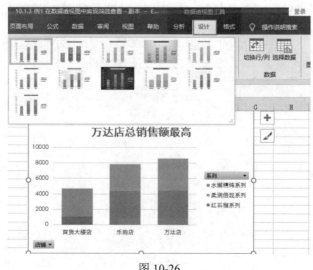

图 10-26

❷ 鼠标指向样式时图表会即时预览，单击即可套用样式，如图 10-27 所示为应用样式 2 后的效果，如图 10-28 所示为应用样式 4 后的效果。

图 10-27

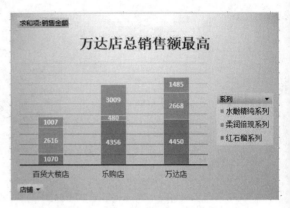

图 10-28

10.2.3　为数据透视图设置背景效果

为数据透视图设置背景可以起到美化数据透视图的作用。可以设置纯色背景、渐变背景、图片背景等。

❶ 选中创建好的数据透视图，在"数据透视图工具→格式"选项卡的"形状样式"组中单击对话框启动器按钮，如图 10-29 所示，弹出"设置图表区格式"窗格。可根据设计需要设置不同的填充效果。

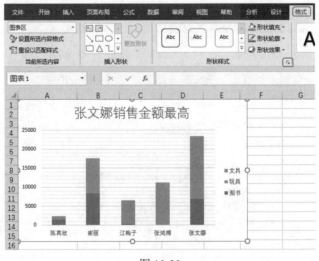

图 10-29

❷ 纯色填充。选中"纯色填充"单选按钮，然后单击"颜色"下拉按钮，在下拉列表中选中颜色即可填充，如图 10-30 所示。

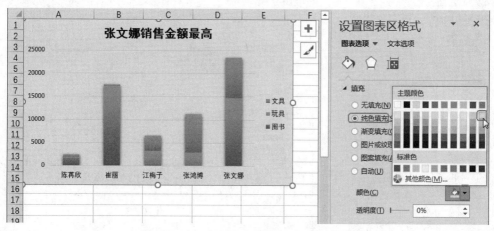

图 10-30

❸ 渐变填充。在"设置图表区格式"窗格中选中"渐变填充"单选按钮，然后单击"预设渐变"下拉按钮，在下拉列表中选中渐变样式即可设置渐变填充效果，如图 10-31 所示。

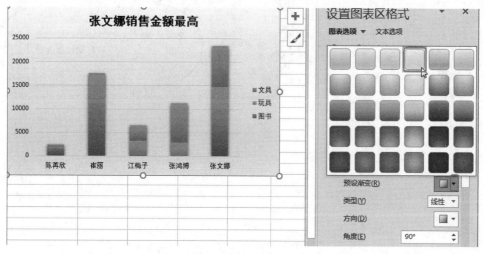

图 10-31

❹ 图片填充。在"设置图表区格式"窗格中选中"图片或纹理填充"单选按钮，然后单击"插入图片来自"下面的"文件"按钮，如图 10-32 所示。打开"插入图片"对话框，找到图片所在的位置。选中图片，单击"插入"按钮，如图 10-33 所示，即可设置数据透视图图片填充效果，如图 10-34 所示。

图 10-32

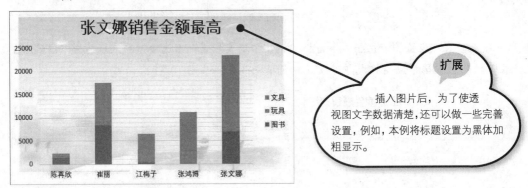

图 10-33

图 10-34

> **扩展**
>
> 插入图片后，为了使透视图文字数据清楚，还可以做一些完善设置，例如，本例将标题设置为黑体加粗显示。

第 11 章

人事信息管理中的分析报表

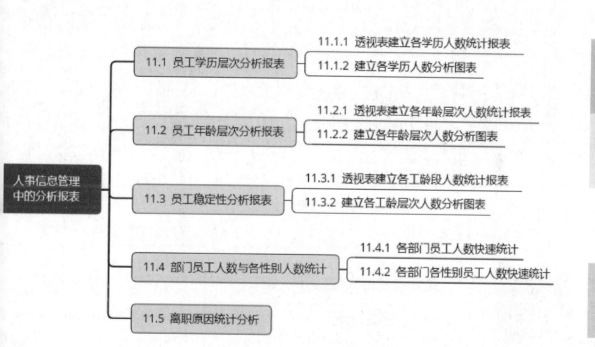

人事信息管理中的分析报表

11.1 员工学历层次分析报表
- 11.1.1 透视表建立各学历人数统计报表
- 11.1.2 建立各学历人数分析图表

11.2 员工年龄层次分析报表
- 11.2.1 透视表建立各年龄层次人数统计报表
- 11.2.2 建立各年龄层次人数分析图表

11.3 员工稳定性分析报表
- 11.3.1 透视表建立各工龄段人数统计报表
- 11.3.2 建立各工龄层次人数分析图表

11.4 部门员工人数与各性别人数统计
- 11.4.1 各部门员工人数快速统计
- 11.4.2 各部门各性别员工人数快速统计

11.5 离职原因统计分析

11.1　员工学历层次分析报表

人事信息管理表是企业人事管理中最基本的表格，通过此表中的基本信息能够帮助企业对一段时期的人事情况进行准确分析，如员工稳定性、年龄层次、学历层次、人员流失情况等。图 11-1 所示为一张人事信息管理表。

员工编号	员工姓名	所属部门	职位	学历	入职时间	离职时间	工龄	离职原因	身份证号码	性别	年龄	联系方式
LX-001	张楚	客服部	经理	本科	2014/2/10		5		340222197809053378	男	41	18012365418
LX-002	汪滕	客服部	专员	本科	2014/2/11		5		340221196804063334	男	51	18025698741
LX-003	刘先	客服部	专员	本科	2014/2/11		5		340102197102138990	男	48	15855821456
LX-004	黄雅黎	客服部	专员	大专	2014/2/12		5		340103199012301237	男	29	15987456321
LX-005	夏梓	客服部	专员	中专	2014/2/13	2017/5/19	3	工资太低	340223197005153355	男	49	13125632541
LX-006	胡伟立	客服部	专员	初中	2014/2/14		5		340102197703041178	男	42	13625546523
LX-007	江华	客服部	专员	本科	2014/2/15		5		340102197612047990	男	43	13698745862
LX-008	方小妹	客服部	专员	高职	2014/2/16		5		340102197412070997	男	45	15842365412
LX-009	陈友	客服部	专员	中专	2014/2/17		5		520100198601022536	男	33	15036521225
LX-010	王莹	客服部	专员	初中	2014/2/18	2017/11/15	3	转换行业	340102198605091278	男	33	18021456320
LX-011	任玉军	仓储部	仓管	大专	2014/2/19		5		340102198010031448	女	31	13125642315
LX-012	鲍骏	仓储部	司机	中专	2014/2/20		5		520100198410272436	男	35	13845681111
LX-013	王启秀	仓储部	司机	中专	2014/2/21	2018/5/1	4	家庭原因	340400198209039876	男	37	15987620360
LX-014	张宇	仓储部	司机	初中	2014/2/22		5		520100198512234658	男	34	13620136954
LX-015	张鹤鸣	仓储部	司机	高职	2014/2/23	2016/1/22	1	转换行业	340400198904282689	女	30	18245693125
LX-016	黄俊	仓储部	仓管	本科	2014/2/24	2016/10/11	2	转换行业	320400197001237654	男	49	13326541023
LX-017	肖念	仓储部	仓管	大专	2014/2/25		5		320400196803311234	男	51	13852300125
LX-018	余琴	仓储部	统计员	本科	2014/2/26		5		520100197609262346	女	43	15745632581
LX-019	张梦宇	仓储部	主管	本科	2014/2/27		5		360102197803243984	男	41	13655487899
LX-020	王劲	仓储部	叉车工	中专	2014/2/28		5		320200198902272357	男	30	15526538896

图 11-1

本节将介绍利用此表中的数据对员工学历层次分析，从而直观地了解企业员工的学历水平。

11.1.1　建立各学历人数统计报表

建立了员工人事信息数据表后，可以利用数据透视表快速统计企业员工中各学历的人数比例情况。

❶ 选中 E 列中显示学历信息的单元格区域，在"插入"选项卡的"表格"组中单击"数据透视表"按钮，如图 11-2 所示。

❷ 打开"创建数据透视表"任务窗格，在"选择一个表或区域"框中显示了选中的单元格区域，创建位置默认选择"新工作表"，如图 11-3 所示。

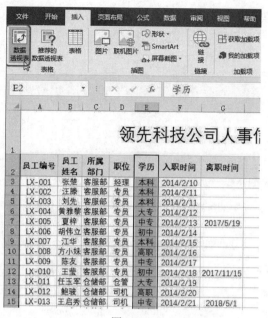

图 11-2

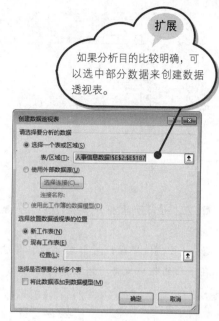

图 11-3

❸ 单击"确定"按钮即可在新工作表中创建数据透视表，将其命名为"员工学历层次分布透视表"，如图 11-4 所示。

图 11-4

❹ 在字段列表中选中"学历"字段，按住鼠标左键不放将其拖动到"行"标签区域中；然后再次选中"学历"字段，按住鼠标左键不放将其拖动到"值"标签区域中，统计出的是各个学历的人数，如图 11-5 所示。

图 11-5

❺ 在"值"列表框中单击"学历"数值字段，在打开的下拉列表中选择"值字段设置"命令，如图 11-6 所示。

❻ 打开"值字段设置"对话框，单击"值显示方式"标签，单击"值显示方式"设置框的下拉按钮，在下拉列表中单击"列汇总的百分比"显示方式，在"自定义名称"文本框中输入名称"人数"，如图 11-7 所示。

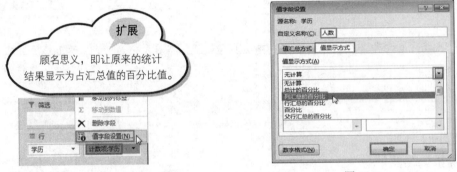

图 11-6　　　　　　　　　　　　　　　　　　图 11-7

❼ 完成以上设置后，单击"确定"按钮返回到工作表中，即可得到如图 11-8 所示的数据透视表。从统计报表中可以看到大专的人数占比最高，研究生、高职和高中的人数占比较低。

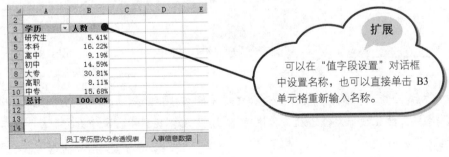

图 11-8

11.1.2 建立各学历人数分析图表

在建立各学历人数统计报表后，可以再使用数据透视图功能快速建立分析图表，将抽象的数据图形化显示。比如本例中可以将各个学历的占比以饼图图表来展现。

❶ 在建立饼图数据透视图时，建议将求得的百分比值从大到小排序（因为这样建立出的饼图扇面也是从大到小排列，更便于数据查看）。选中"人数"下的任意单元格，在"数据"选项卡的"排序和筛选"组中单击"降序"按钮（如图11-9所示），即可将百分比值从大到小排序，如图11-10所示。

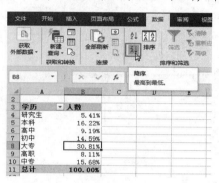

图 11-9

图 11-10

❷ 选中数据透视表中的任意单元格，在"数据透视表工具→分析"选项卡的"工具"组中单击"数据透视图"按钮，如图11-11所示。

❸ 打开"插入图表"对话框，选择合适的图表类型，这里选择"饼图"，单击"确定"按钮，即可在工作表中插入数据透视图，如图11-12所示。

图 11-11

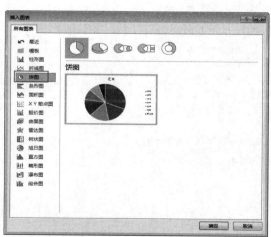

图 11-12

❹ 选中图表，单击"图表元素"按钮，在弹出的菜单中单击"数据标签"右侧的下拉按钮，在打开的下拉列表中选择"更多选项"命令，如图 11-13 所示。

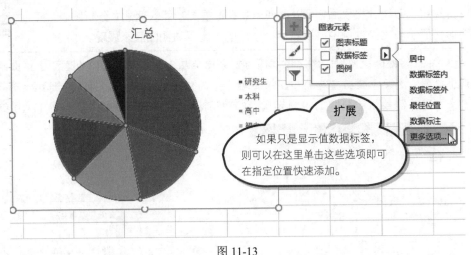

图 11-13

❺ 打开"设置数据标签格式"任务窗格，在"标签选项"栏下勾选"类别名称"和"百分比"复选框，如图 11-14 所示。设置完毕后关闭对话框，得到如图 11-15 所示的图表。

图 11-14

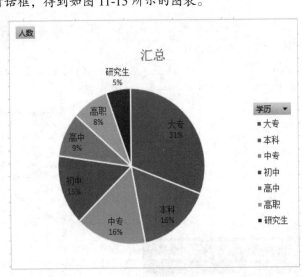

图 11-15

❻ 继续选中图表，单击"图表样式"按钮，在打开的下拉列表中单击"样式"标签，在打开的图表样式中单击"样式 8"，如图 11-16 所示。

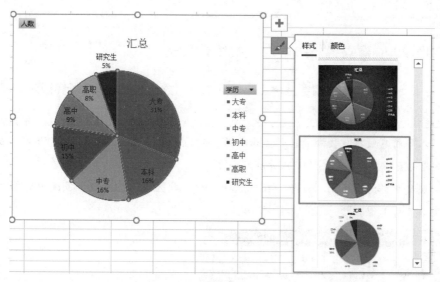

图 11-16

❼ 重新输入标题，最终效果如图 11-17 所示。从中可以看到大专所占比例最大。

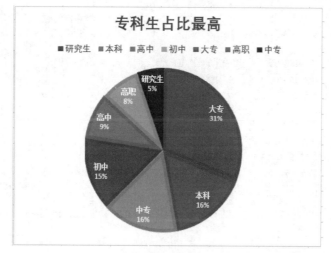

图 11-17

11.2 员工年龄层次分析报表

通过企业员工的年龄层次可以掌握人员结构是年轻化还是老龄化。本节中会根据创建的人事信息数据表建立员工年龄层次分析报表，从而直观地显示分析结果。

11.2.1　建立各年龄层次人数统计报表

使用"年龄"列数据建立数据透视表和数据透视图，可以实现对公司年龄层次的分析。

❶ 选中"人事信息数据"表格中 L 列显示年龄信息的单元格区域，在"插入"选项卡的"表格"组中单击"数据透视表"按钮，如图 11-18 所示。

❷ 打开"创建数据透视表"对话框，在"选择一个表或区域"框中显示了选中的单元格区域，创建位置默认选择"新工作表"，如图 11-19 所示。

图 11-18

图 11-19

❸ 单击"确定"按钮，即可在新工作表中创建数据透视表，分别拖动"年龄"字段到"行"标签区域和"值"标签区域中，得到的统计结果如图 11-20 所示。

❹ 选中 B4 单元格并右击，在打开的下拉列表中选择"值字段设置"命令，如图 11-21 所示。

❺ 打开"值字段设置"对话框，单击"值字段汇总方式"设置框的下拉按钮，在下拉列表中单击"计数"类型，然后在"自定义名称"文本框中输入"人数"，如图 11-22 所示。

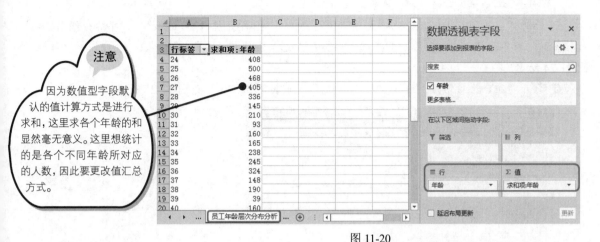

图 11-20

图 11-21

图 11-22

❻ 单击"确定"按钮即可统计出各个年龄对应的人数。选中"人数"字段下方的任意单元格并右击，在弹出的快捷菜单中依次选择"值显示方式"→"总计的百分比"命令，如图 11-23 所示。

图 11-23

❼ 此时可以看到数据以百分比格式显示。直接单击 A3 单元格并输入名称为"年龄分组"，再选中行标签的任意单元格，在"数据透视表工具→分析"选项卡的"组合"组中单击"分组选择"按钮，如图 11-24 所示。

❽ 打开"组合"对话框，设置步长值为"10"，其他默认不变，如图 11-25 所示。

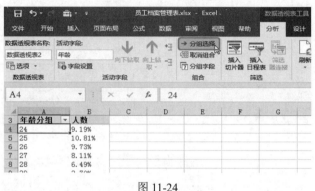

图 11-24　　　　　　　　　　　　　　　　　　图 11-25

❾ 单击"确定"按钮即可看到分组后的年龄段数据。在"数据透视表工具→设计"选项卡的"数据透视表样式"组中单击"浅橙色，数据透视表样式浅色 14"按钮，即可快速美化数据透视表。最后再将报表中的"人数"标识更改为"各年龄段占比"，从透视表中可以看到 24~33 岁之间的人数占比最大，如图 11-26 所示。

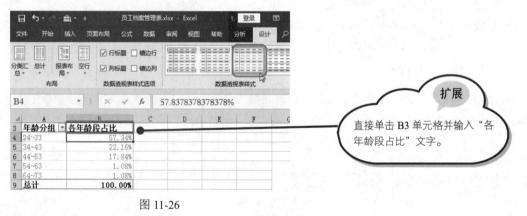

扩展

直接单击 B3 单元格并输入"各年龄段占比"文字。

图 11-26

11.2.2　建立各年龄层次人数分析图表

根据人事信息数据表中的"年龄"列数据建立数据透视表后，可以创建数据透视图直观地查看分析结果。

❶ 选中数据透视表中的任意单元格，在"数据透视表工具→分析"选项卡的"工具"组中单击"数据透视图"按钮，如图 11-27 所示。

❷ 打开"插入图表"对话框，选择合适的图表类型，这里选择"饼图"，单击"确定"按钮即可创建默认的饼图图表，如图 11-28 所示。

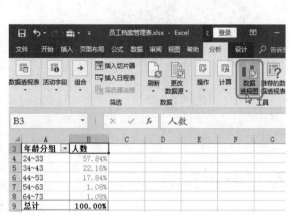

图 11-27

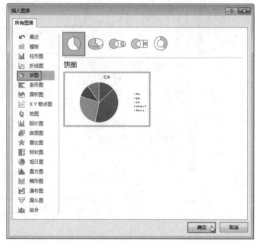

图 11-28

❸ 选中图表，单击"图表元素"按钮，在弹出的菜单中单击"数据标签"右侧的下拉按钮，在打开的下拉列表中选择"更多选项"命令，如图 11-29 所示。

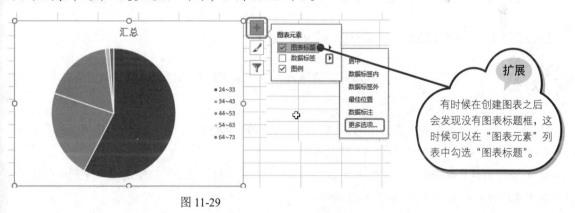

图 11-29

❹ 打开"设置数据标签格式"任务窗格，分别勾选"类别名称"和"百分比"复选框，如图 11-30 所示。

❺ 在图表标题框中重新输入标题，从图表中可以看到企业员工的年龄趋于年轻化，如图 11-31 所示。

图 11-30

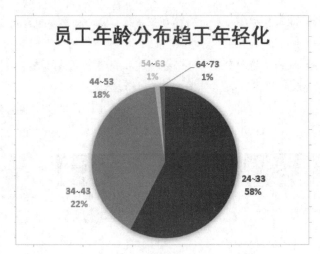

图 11-31

11.3 员工稳定性分析报表

企业员工的稳定性可以保障企业持续稳定地发展，而流动性可以帮助企业不断注入新鲜的血液和活力。因此，对于企业员工稳定性的分析也是人事部门的一项重要工作。要想实现对公司员工稳定性的分析，也可以利用数据透视表功能快速创建统计报表。

11.3.1 建立各工龄段人数统计报表

使用"工龄"列数据建立数据透视表和数据透视图，可以实现对公司工龄层次的分析。

❶ 选中"人事信息数据"表格中 H 列显示工龄信息的单元格区域，在"插入"选项卡的"表格"组中单击"数据透视表"按钮，如图 11-32 所示。

❷ 打开"创建数据透视表"对话框，在"选择一个表或区域"框中显示了选中的单元格区域，创建位置默认选择"新工作表"，如图 11-33 所示。

❸ 单击"确定"按钮，即可在新工作表中创建数据透视表，分别拖动"工龄"字段到"行"标签区域和"值"标签区域中，得到的统计结果如图 11-34 所示。

❹ 选中求和项下的任意单元格，右击，在弹出的快捷菜单中选择"值汇总依据"→"计数"命令（如图 11-35 所示），即可得到如图 11-36 所示的统计结果。

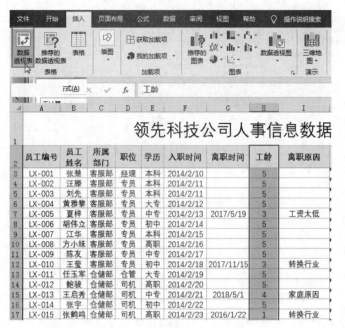

图 11-32

图 11-33

图 11-34　　　　　　　　　　　图 11-35　　　　　　　　　　图 11-36

❺ 选中"工龄"下的任意单元格，在"数据透视表工具→分析"选项卡的"组合"组中单击"分组选择"按钮，如图 11-37 所示。

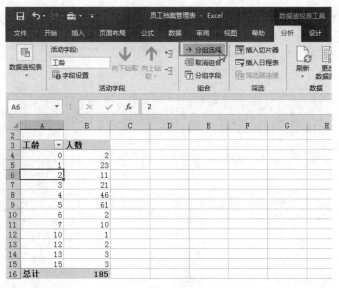

图 11-37

❻ 打开"组合"对话框，设置步长值为"3"，其他默认不变，如图 11-38 所示。

❼ 单击"确定"按钮即可看到分组后的工龄段数据，如图 11-39 所示。

图 11-38

图 11-39

11.3.2　建立各工龄层次人数分析图表

　　根据人事信息数据表中的"工龄"列数据建立数据透视表后，可以创建数据透视图直观地查看分析结果。

❶ 选中数据透视表中的任意单元格，在"数据透视表工具→分析"选项卡的"工具"组中单击"数据透视图"按钮，如图 11-40 所示。

❷ 打开"插入图表"对话框，选择合适的图表类型，这里选择"柱形图"，单击"确定"按钮创建图表。可以为图表输入准确的标题，如图 11-41 所示。通过图表则可以更加直观地显示公司员工的工龄主要分布在哪个区域。

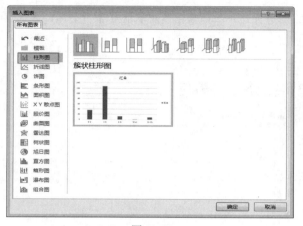

图 11-40

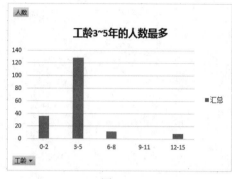

图 11-41

11.4　部门员工人数与各性别人数统计

对公司人员结构分析是对公司人力资源状况的审查，用来检验人力资源配置与公司业务是否匹配，它是人力资源规划的一项基础工作。人员结构分析可以从性别、学历、年龄、工龄、职位等进行分析。本节需要根据前面建立的人事信息数据表格来建立统计各部门员工人数，以及各部门中男性与女性员工的人数的统计表。

11.4.1　各部门员工人数快速统计

根据前面的"人事信息数据"表格中的数据，需要在去除离职人员后再按部门进行员工人数的统计。因此，可以先利用筛选功能从"人事信息数据"表格中去除离职数据。

❶ 在"人事信息数据"中选中任意单元格，在"数据"选项卡的"排序和筛选"组中单击"筛选"按钮，为表格列标识添加自动筛选按钮，如图 11-42 所示。

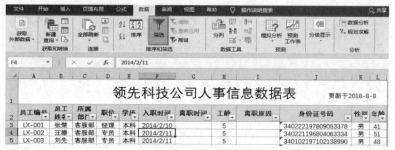

图 11-42

❷ 单击"离职时间"右下角的自动筛选按钮，在打开的下拉筛选菜单中取消勾选"(全选)"复选框，勾选"(空白)"复选框，如图 11-43 所示。

图 11-43

❸ 单击"确定"按钮，此时可以看到表格中将所有有离职时间的记录全部隐藏，当前显示的是未离职的所有记录。选中这些数据按 Ctrl+C 组合键复制，如图 11-44 所示。

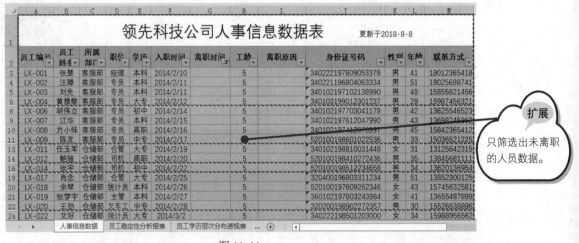

只筛选出未离职的人员数据。

图 11-44

❹ 创建一个新工作表，按 Ctrl+V 组合键将数据复制到新工作表中。选中表格中的任意单元格，在

"插入"选项卡的"表格"组中单击"数据透视表"按钮，如图 11-45 所示，打开"创建数据透视表"对话框，如图 11-46 所示。

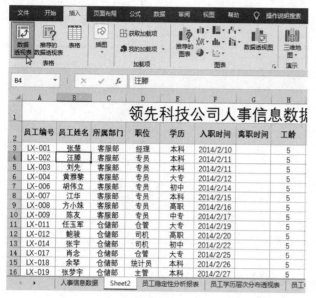

图 11-45

图 11-46

❺ 保持默认设置，单击"确定"按钮，创建数据透视表。拖动"所属部门"字段到"行"标签区域，拖动"员工姓名"字段到"值"区域中，得到的统计结果如图 11-47 所示。

图 11-47

❻ 在"数据透视表工具→设计"选项卡的"布局"组中单击"报表布局"按钮，展开下拉菜单，选择"以表格形式显示"命令，如图 11-48 所示。

❼ 执行上述操作后，再将B3单元格中字段名称更改为"人数"，如图 11-49 所示。

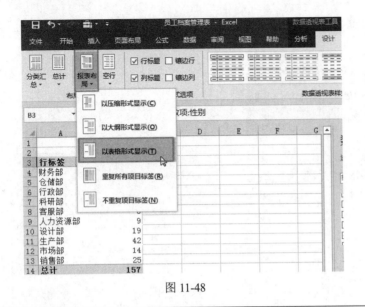

图 11-48

图 11-49

11.4.2　各部门各性别员工人数快速统计

利用数据透视表也可以快速统计出各个部门中的男女人数分布情况，从而了解人员结构分布。

❶ 在 11.4.1 小节创建的数据透视表的标签上单击一次选中，按住 Ctrl 键不放，再按住鼠标左键向右拖动（如图 11-50 所示），复制数据透视表，如图 11-51 所示。

图 11-50

图 11-51

❷ 将复制得到的数据透视表重新命名为"各部门各性别员工人数快速统计"。在原数据透视表的基础上添加"性别"字段到"列"标签区域中，得到的统计结果如图 11-52 所示。

图 11-52

11.5　离职原因统计分析

在人事信息数据表格中记录了每一位离职人员的离职原因，而离职的原因有很多种，企业可以根据实际情况调查离职人员的离职原因，并分期进行数据统计，从而了解哪些原因是造成公司人员流动的主要因素，再有针对性地完善公司制度和管理结构。

❶ 使用"人事信息数据"表格中的数据创建数据透视表。拖动"离职原因"字段到"行"标签区域，拖动"离职时间"字段到"列"标签区域，拖动"员工姓名"字段到"值"标签区域，得到的数据透视表如图 11-53 所示。

图 11-53

251

❷ 单击"列标签"右侧的下拉按钮，在展开的下拉列表中依次选择"日期筛选"→"之后"命令，如图 11-54 所示。打开"日期筛选(年)"对话框，设置日期为"2016-1-1"，如图 11-55 所示。

图 11-54　　　　　　　　　　　　　　　　　　　　图 11-55

❸ 单击"确定"按钮，数据透视表如图 11-56 所示。

图 11-56

❹ 由于当前只想按年统计离职人数，因此可以从"列"区域中将"季度"和"离职时间"字段拖出，

得到的数据透视表如图 11-57 所示。

计数项:员工姓名	列标签			
行标签	2016年	2017年	2018年	总计
不满意公司制度		1		1
福利不够		1	2	3
工资太低	1	4	1	6
工作量太大		2	1	3
公司解除合同		1		1
家庭原因	1	2	2	5
健康原因		2		2
缺少培训学习机会		2		2
转换行业	2	1		3
总计	4	16	6	26

图 11-57

第 12 章

考勤加班管理中的分析报表

考勤加班管理中的分析报表

- 12.1 考勤数据分析报表
  - 12.1.1 月出勤率分析
  - 12.1.2 各部门缺勤情况比较分析
  - 12.1.3 月满勤率分析

- 12.2 加班费核算及分析
  - 12.2.1 每位人员加班费合计计算
  - 12.2.2 建立员工加班时数统计报表
  - 12.2.3 员工加班总时数比较图表

12.1　考勤数据分析报表

当统计出当月的考勤数据后，可以利用数据透视表功能对月出勤率、满勤率等进行分析，方便人事部门对出勤情况进行进一步的管理。例如，当前的考勤数据统计表如图 12-1 所示，下面将依此表作为原始数据建立分析报表。

2019年1月份考勤情况统计表

工号	姓名	部门	应该出勤	实际出勤	出差	事假	病假	旷工	迟到	早退	旷(半)	满勤奖	出勤率
LX-001	张楚	客服部	23	18	0	0	0	1	2	2	0		78.26%
LX-002	汪媵	客服部	23	23	0	0	0	0	0	0	0	300	100.00%
LX-003	刘先	客服部	23	23	0	0	0	0	0	0	0	300	100.00%
LX-004	黄雅黎	客服部	23	19	0	1	0	0	1	1	1		82.61%
LX-005	夏梓	客服部	23	23	0	0	0	0	0	0	0	300	100.00%
LX-006	胡伟立	客服部	23	22	0	0	0	0	0	0	1		95.65%
LX-007	江华	客服部	23	23	0	0	0	0	0	0	0	300	100.00%
LX-008	张宇	仓储部	23	21	2	0	0	0	0	0	0		91.30%
LX-009	张鹤鸣	仓储部	23	22	0	0	0	0	1	0	0		95.65%
LX-010	黄俊	仓储部	23	21	0	0	0	2	0	0	0		91.30%
LX-011	肖念	仓储部	23	22	0	0	1	0	0	0	0		95.65%
LX-012	余琴	仓储部	23	23	0	0	0	0	0	0	0	300	100.00%
LX-013	张梦宇	仓储部	23	23	0	0	0	0	0	0	0	300	100.00%
LX-014	王劲	仓储部	23	23	0	0	0	0	0	0	0	300	100.00%
LX-015	于飞腾	行政部	23	23	0	0	0	0	0	0	0	300	100.00%
LX-016	黄金鸿	行政部	23	19	3	0	0	0	1	0	0		82.61%
LX-017	胡雨薇	行政部	23	23	0	0	0	0	0	0	0	300	100.00%
LX-018	程鹏飞	行政部	23	22	0	0	0	0	0	1	0		95.65%
LX-019	郝亚丽	行政部	23	23	0	0	0	0	0	0	0	300	100.00%

出勤情况统计表　　Sheet2　…　⊕

图 12-1

12.1.1　月出勤率分析

根据每位员工的出勤率数据可以创建"月出勤率分析报表"，从而对各个出勤率区间的出勤人数进行统计。

❶ 选中"出勤情况统计表"中的任意单元格，在"插入"选项卡的"表格"组中单击"数据透视表"按钮，如图 12-2 所示。打开"创建数据透视表"对话框，保持各默认选项不变，如图 12-3 所示。

❷ 单击"确定"按钮创建数据透视表，在工作表标签上双击鼠标，然后输入新名称为"月出勤率分析"。拖动"出勤率"字段到"行"标签区域，拖动"姓名"字段到"值"标签区域，如图 12-4 所示。

图 12-2

图 12-3

图 12-4

❸ 选中小于 90% 的值，在"数据透视表工具→分析"选项卡的"组合"组中单击"分组选择"按钮（如图 12-5 所示），创建一个自定义数组，如图 12-6 所示。

❹ 选中 A4 单元格，将组名称更改为"<90%"，如图 12-7 所示。

❺ 选中 90%~99% 之间的值，按相同的方法建立数组，如图 12-8 所示。

图 12-5

图 12-6

图 12-7

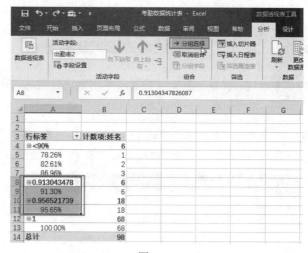

图 12-8

❻ 将组的名称更改为 "90%~99%"，如图 12-9 所示。

❼ 选中 A11 单元格，输入名称为 "100%"，如图 12-10 所示。

图 12-9

图 12-10

❽ 在字段列表中取消选中"出勤率"复选框，如图 12-11 所示。然后将 B3 单元格的字段名称更改为"人数"，得到的报表如图 12-12 所示。

图 12-11

图 12-12

12.1.2 各部门缺勤情况比较分析

根据出勤情况统计表中出勤统计数据，可以利用数据透视表来分析各部门的请假状况，以便于企业人事部门对员工请假情况做出控制。

❶ 在"出勤情况统计表"中选中任意单元格，在"插入"选项卡的"表格"组中单击"数据透视表"按钮，如图 12-13 所示。打开"创建数据透视表"对话框，保持各默认选项不变，如图 12-14 所示。

图 12-13

图 12-14

❷ 单击"确定"按钮即可在新建的工作表中显示数据透视表，在工作表标签上双击鼠标，然后输入新名称为"各部门缺勤情况分析"；设置"部门"字段为行标签，设置"事假""病假""旷工""迟到""早退"字段为值字段，如图 12-15 所示。

图 12-15

❸ 选中数据透视表中的任意单元格，在"数据透视表工具→分析"选项卡的"分析"组中单击"数据透视图"按钮，如图 12-16 所示。

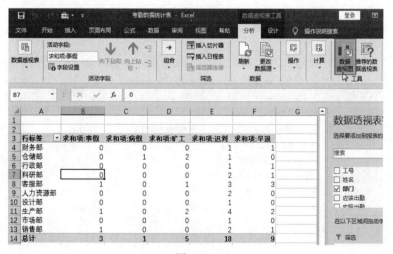

图 12-16

❹ 打开"插入图表"对话框，选择图表类型，这里选择堆积条形图，如图 12-17 所示。

图 12-17

❺ 单击"确定"按钮即可新建数据透视图，如图 12-18 所示。从图表中可以直接看到"生产部"与"客服部"的缺勤情况比较严重。

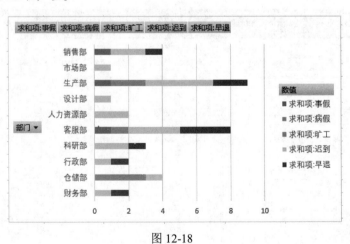

图 12-18

❻ 选中图表，在"数据透视表工具→设计"选项卡的"数据"组中单击"切换行/列"按钮，如图 12-19 所示。

图 12-19

❼ 执行上述操作后，图表效果如图 12-20 所示。通过得到的图表可以看到通过此操作可以改变图表的绘制方式。未切换前图表可以直接查看部门的缺勤情况，切换后可以直观查看哪一种假别出现的次数最多。

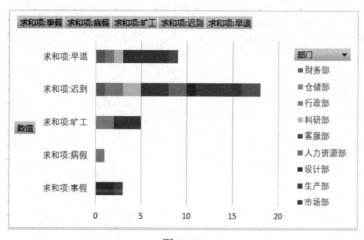

图 12-20

12.1.3 月满勤率分析

根据出勤情况统计表中的员工实际出勤天数创建数据透视表，可以了解满勤人员占总体人员的比重是大还是小。

❶ 在"出勤情况统计表"中选中"实际出勤"列的数据，在"插入"选项卡的"表格"组中单击"数据透视表"按钮，如图 12-21 所示。打开"创建数据透视表"对话框，保持各默认选项不变，如图 12-22 所示。

图 12-21 　　　　　　　　　　　　　 图 12-22

❷ 单击"确定"按钮创建数据透视表。在工作表标签上双击鼠标，然后输入新名称为"月满勤率分析"，分别设置"实际出勤"字段为"行"标签与"值"字段，如图 12-23 所示（这里默认的汇总方式是"求和"）。

图 12-23

❸ 选中 B5 单元格并右击，在弹出的快捷菜单中依次选择"值显示方式"→"总计的百分比"命令，如图 12-24 所示。即可更改显示方式为百分比，如图 12-25 所示。

图 12-24

图 12-25

❹ 在"数据透视表工具→设计"选项卡的"布局"组中单击"报表布局"按钮，在打开的下拉列表中选择"以表格形式显示"命令，如图 12-26 所示。然后再将报表的 B3 单元格的名称更改为"占比"，最终报表如图 12-27 所示。

图 12-26

扩展

可以看到满勤天数 23 天对应的人数比例为 71.03%。

图 12-27

12.2　加班费核算及分析

一般企业都会存在加班情况，因此实际的加班时间需要建立表格进行记录，即加班的日期、人员、开始时间、结束时间等。在月末工资核算时，可以根据加班数据记录表中的数据核算人员的加班工资，以及对员工的加班时数进行分析等。例如，当前的加班数据记录表如图 12-28 所示，下面将依据此表作为原始数据建立分析报表。

序号	加班人	加班时间	加班类型	开始时间	结束时间	加班小时数
			1月份加班记录表			
1	张丽丽	2019/1/3	平常日	17:30	21:30	4
2	魏娟	2019/1/3	平常日	18:00	22:00	4
3	孙婷	2019/1/5	公休日	17:30	22:30	5
4	张振梅	2019/1/7	平常日	17:30	22:00	4.5
5	孙婷	2019/1/7	平常日	17:30	21:00	3.5
6	张毅君	2019/1/12	公休日	10:00	17:30	7.5
7	张丽丽	2019/1/12	公休日	10:00	17:30	7.5
8	何佳怡	2019/1/12	公休日	13:00	17:00	4
9	刘志飞	2019/1/13	公休日	13:00	17:00	4
10	廖凯	2019/1/13	公休日	13:00	17:00	4
11	刘琦	2019/1/14	平常日	17:30	22:00	4.5
12	何佳怡	2019/1/14	平常日	17:30	21:00	3.5
13	刘志飞	2019/1/14	平常日	17:30	21:30	4
14	何佳怡	2019/1/16	平常日	18:00	20:30	2.5
15	金璐忠	2019/1/16	平常日	18:00	20:30	2.5
16	刘志飞	2019/1/19	公休日	10:00	16:30	6.5
17	刘琦	2019/1/19	公休日	10:00	15:00	5
18	魏娟	2019/1/20	公休日	10:00	16:30	6.5
19	张丽丽	2019/1/20	公休日	10:00	15:00	5
20	魏娟	2019/1/24	平常日	18:00	21:00	3
21	张毅君	2019/1/24	平常日	18:00	21:30	3.5
22	桂萍	2019/1/25	平常日	17:30	21:00	3.5

加班记录表　Sheet1　⊕

图 12-28

12.2.1 每位人员加班费合计计算

　　由于加班记录是按实际加班情况逐条记录的，因此一个月结束时一位加班人员可能会存在多条加班记录。针对这种情况可以利用数据透视表功能快速对每位人员的加班费进行核算。

　❶ 选中任意单元格，在"插入"选项卡的"表格"组中单击"数据透视表"按钮，如图 12-29 所示，打开"创建数据透视表"对话框。

　❷ 在"选择一个表或区域"框中显示了选中的单元格区域，创建位置默认选择"新工作表"，如图 12-30 所示。

　❸ 单击"确定"按钮即可在新建工作表中创建数据透视表，拖动"加班类型"字段到"列"标签区域，拖动"加班人"字段到"行"标签区域，拖动"加班小时数"到"值"标签区域，得到统计结果如图 12-31 所示。

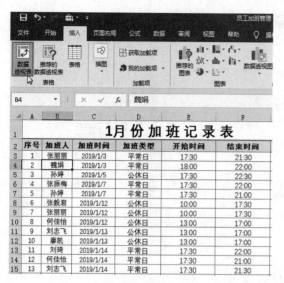

图 12-29

图 12-30

> **扩展**
>
> 当前统计结果为统计了每位加班人的总加班小时数。

图 12-31

❹ 在"数据透视表工具→设计"选项卡的"布局"组中单击"总计"按钮，在打开的下拉菜单中选择"对行和列禁用"命令，如图 12-32 所示，即取消原数据透视表的总计。

❺ 单击"报表布局"按钮，在打开的下拉菜单中选择"以表格形式显示"命令（如图 12-33 所示），得到的数据透视表如图 12-34 所示。

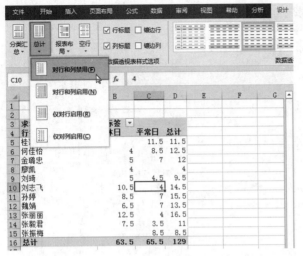

图 12-32

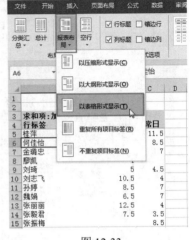

图 12-33

图 12-34

❻ 选中 B4 或 C4 单元格，在"数据透视表工具→分析"选项卡的"计算"组中单击"字段、项目和集"按钮，在打开的下拉菜单中选择"计算项"命令，如图 12-35 所示。

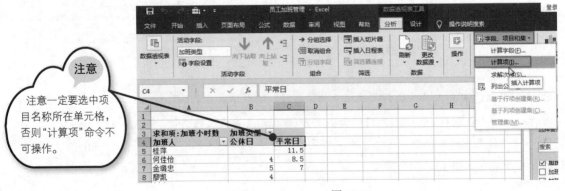

图 12-35

❼ 打开"在'加班类型'中插入计算字段"对话框，如图 12-36 所示。输入名称为"加班工资"，输入公式为"=公休日*80+平常日*60"，如图 12-37 所示。（此处约定公休日的加班工资为每小时 80 元，平常日的加班工资为每小时 60 元。）

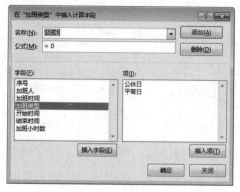

图 12-36

图 12-37

❽ 单击"确定"按钮，可以看到数据透视表中添加了一个名称为"加班工资"的计算项，统计出的是每一位人员的加班工资合计值，如图 12-38 所示。

求和项:加班小时数	加班类型		
加班人	公休日	平常日	加班工资
桂萍		11.5	690
何佳怡	4	8.5	830
金璐忠	5	7	820
廖凯	4		320
刘琦	5	4.5	670
刘志飞	10.5	4	1080
孙婷	8.5	7	1100
魏娟	6.5	7	940
张丽丽	12.5	4	1240
张毅君	7.5	3.5	810
张振梅		8.5	510

图 12-38

12.2.2 建立员工加班总时数统计报表

根据加班记录表可以建立数据透视表，统计出各位员工的加班总时数。

❶ 在 12.2.1 小节创建的数据透视表的标签上单击一次选中，按住 Ctrl 键不放，再按住鼠标左键向右拖动，如图 12-39 所示，复制数据透视表。

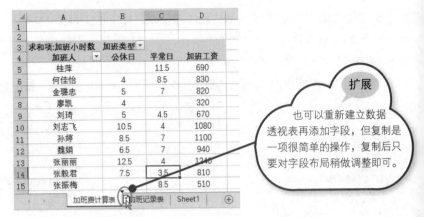

图 12-39

❷ 将复制得到的数据透视表重新命名为"员工月加班情况比较分析"。在原数据透视表中将"列"区域的字段拖出，得到的统计结果如图 12-40 所示。

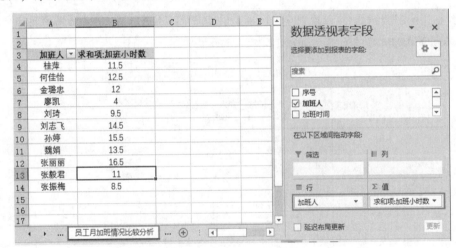

图 12-40

12.2.3 员工加班总时数比较图表

根据 12.2.2 小节建立的数据透视表，可以创建条形图直观地分析每位员工的加班总时数并进行比较。

❶ 选中"加班小时数"字段下的任意单元格，在"数据"选项卡的"排序和筛选"组中单击"升序"按钮，如图 12-41 所示，将加班小时数数据按升序排列。

图 12-41

❷ 在"数据透视表工具→分析"选项卡的"工具"组中单击"数据透视图"按钮，如图 12-42 所示，
打开"插入图表"对话框。

图 12-42

❸ 在列表中选择"条形图"，在右侧选中簇状柱形图，如图 12-43 所示。

❹ 单击"确定"按钮即可创建默认图表，如图 12-44 所示。

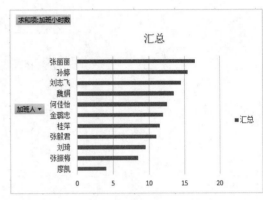

图 12-43 图 12-44

❺ 选中图表，单击"图表元素"按钮，在弹出的菜单中单击"图表样式"右侧的下拉按钮，在打开的下拉列表中单击"样式 4"，即可为图表快速应用指定的样式，如图 12-45 所示。

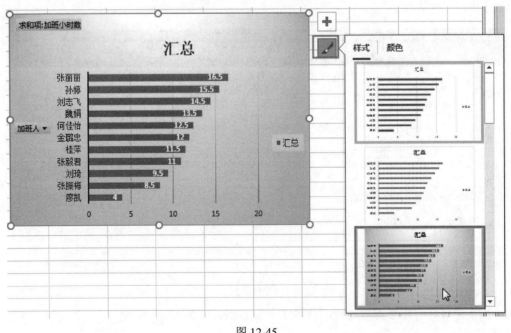

图 12-45

❻ 在图表标题框中重新输入标题，从图表中可以通过条形的长短直观地比较员工的加班时长，如图 12-46 所示。

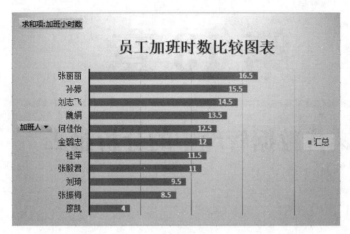

图 12-46

第 13 章

销售数据管理中的分析报表

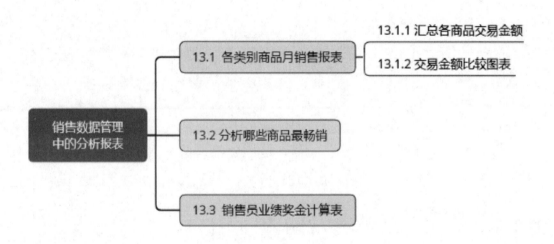

- 13.1 各类别商品月销售报表
  - 13.1.1 汇总各商品交易金额
  - 13.1.2 交易金额比较图表
- 销售数据管理中的分析报表
  - 13.2 分析哪些商品最畅销
  - 13.3 销售员业绩奖金计算表

为了更好地管理商品的销售记录，可以分期建立销售记录表。通过建立完成的销售记录表可以进行一系列的数据计算、统计、分析。如对各类别商品的销售额进行合并统计、计算销售员的业绩奖金、分析哪种商品比较畅销等。

图 13-1 所示为一份销售记录表，包括销售日期、销售单号、货品名称、类别、销售数量和销售单价等基本信息。

	销售日期	销售单号	货品名称	类别	数量	单价	金额	商业折扣	交易金额	经办人
1			18年10月份销货记录							
3	10/1	0800001	五福金牛 荣耀系列大包围全包围双层皮	脚垫	1	980	980	1	980	林玲
4	10/2	0800002	北极绒（Bejirong）U型枕护颈枕	头腰靠枕	4	19.9	79.6	1	79.6	林玲
5	10/2	0800002	途雅（ETONNER）汽车香水 车载座式香	香水/空气净化	2	199	398	1	398	李晶晶
6	10/3	0800003	卡莱饰（Car lives）CLS-201608 新车空	香水/空气净化	2	69	138	1	138	李晶晶
7	10/4	0800004	GREAT LIFE 汽车脚垫丝圈	脚垫	1	199	199	1	199	胡成芳
8	10/4	0800004	五福金牛 汽车脚垫 迈畅全包围脚垫 黑	脚垫	1	499	499	1	499	张军
9	10/5	0800005	牧宝（MUBO）冬季纯羊毛汽车坐垫	座垫/座套	1	980	980	1	980	胡成芳
10	10/6	0800006	洛克（ROCK）车载手机支架 重力支架	功能小件	1	39	39	1	39	刘慧
11	10/7	0800007	尼罗河（nile）四季通用汽车坐垫	座垫/座套	1	680	680	1	680	刘慧
12	10/8	080008	COMFIER汽车座垫按摩坐垫	座垫/座套	2	169	338	1	338	胡成芳
13	10/8	080008	COMFIER汽车座垫按摩坐垫	座垫/座套	1	169	169	1	169	刘慧
14	10/8	080008	康车宝 汽车调出风口香水夹	香水/空气净化	4	68	272	1	272	刘慧
15	10/9	080008	牧宝（MUBO）冬季纯羊毛汽车坐垫	座垫/座套	2	900	1000	0.05	1000	刘慧
16	10/10	080010	南极人（nanJiren）汽车头枕腰靠	头腰靠枕	4	179	716	1	716	林玲
17	10/11	080011	康车宝 汽车香水 空调出风口香水夹	香水/空气净化	2	68	136	1	136	林玲
18	10/12	080012	毕亚兹 车载手机支架 C20 中控台磁吸式	功能小件	1	39	39	1	39	林玲
19	10/13	080013	倍逸舒 EBK-标准版 汽车腰靠办公腰垫承	头腰靠枕	5	198	990	1	990	张军
20	10/14	080014	快美特（CARMATE）空气科学Ⅱ汽车车	香水/空气净化	2	39	78	1	78	张军
21	10/15	080015	固特异（Goodyear）丝圈汽车脚垫飞丝	脚垫	1	410	410	1	410	李晶晶
22	10/16	080016	绿联 车载手机支架 40808 银色	功能小件	1	45	45	1	45	李晶晶
23	10/17	080017	洛克（ROCK）车载手机支架 重力支架	功能小件	1	39	39	1	39	李晶晶
24	10/18	080018	南极人（nanJiren）皮革汽车座垫	座垫/座套	1	468	468	1	468	刘慧
25	10/19	080019	卡饰社（CarSetCity）汽车头枕 便携式记	头腰靠枕	2	79	158	1	158	张军
26	10/20	080020	卡饰社（CarSetCity）汽车头枕 便携式记	头腰靠枕	2	79	158	1	158	张军

10份销货记录表

图 13-1

13.1 各类别商品月销售报表

根据"销货记录表"，可以汇总出各类别商品的交易总金额，使用数据透视表可以实现快速按类别统计交易金额。

13.1.1 汇总各商品交易金额

建立了销售记录汇总表后，可以建立数据透视表对各类别商品的交易金额进行分析。

❶ 选中表格中的任意数据单元格，在"插入"选项卡的"表格"组中单击"数据透视表"按钮，

如图 13-2 所示。打开"创建数据透视表"对话框，保持默认选项不变即可，如图 13-3 所示。

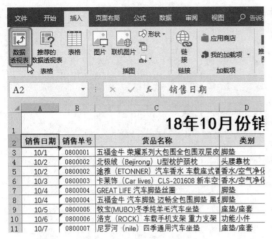
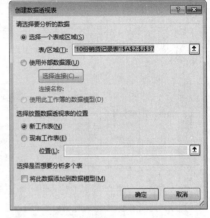

图 13-2   图 13-3

❷ 单击"确定"按钮即可创建数据透视表。设置"类别"字段为行标签字段，"交易金额"字段为值字段，如图 13-4 所示。此时可以看到各类别商品的交易金额汇总。

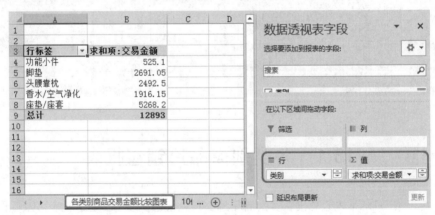

图 13-4

13.1.2 交易金额比较图表

在建立数据透视表统计出各个类别商品的交易金额后可以创建饼图数据透视图，以直观地比较本期中哪个类别的商品交易金额最高。

❶ 选中数据透视表中的任意单元格，在"数据透视表工具→分析"选项卡的"工具"组中单击"数

据透视图"按钮，如图 13-5 所示。

❷ 打开"插入图表"对话框，选择图表类型为"饼图"，如图 13-6 所示。

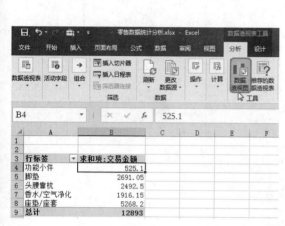

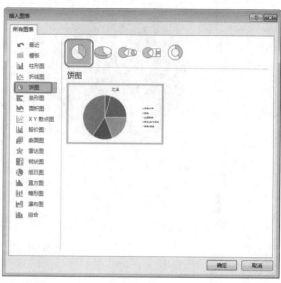

图 13-5   图 13-6

❸ 单击"确定"按钮创建图表。选中图表，单击右侧的"图表元素"按钮，在打开的下拉列表中依次选择"数据标签"→"更多选项"命令，如图 13-7 所示。

❹ 打开"设置数据标签格式"对话框，分别勾选"类别名称"和"百分比"复选框即可，如图 13-8 所示。

图 13-7   图 13-8

❺ 继续单击"图表样式"按钮，在打开的列表中单击"样式 2"，如图 13-9 所示。此时可以看到最终的图表效果，从图表中可以看到"座垫/座套"的销量占比最高，如图 13-10 所示。

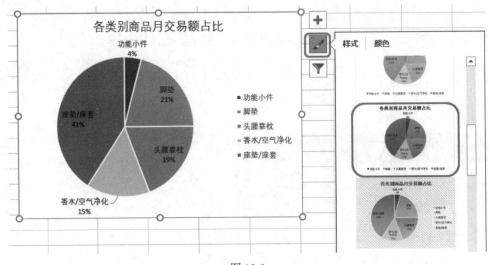

图 13-9

图 13-10

13.2 分析哪些商品最畅销

通过销售记录表还可以对各种商品的销售量进行统计，从而分析哪些商品是最畅销商品，为下期商品采购提供依据。

❶ 选中"销货记录表"中的任意单元格，在"插入"选项卡的"表格"组中单击"数据透视表"按

钮，打开"创建数据透视表"对话框，保持默认选项不变，如图 13-11 所示。

图 13-11

❷ 单击"确定"按钮即可创建数据透视表，在新建的工作表上双击鼠标，输入名称为"分析哪些商品最畅销"，设置"货品名称"为行标签字段，设置"数量"为数值字段。可以看到数据透视表中统计了各商品的销售数量总计，如图 13-12 所示。

图 13-12

❸ 选中"数量"列中的任意单元格，如图 13-13 所示。在"数据"选项卡的"排序和筛选"组中单击"排序"选项组中的"降序"按钮，即可对数量从大到小排序，从而很直观地看到哪几样商品是本期的畅销商品，如图 13-14 所示。

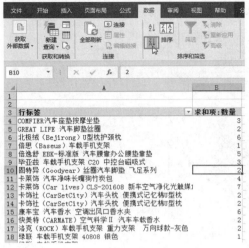

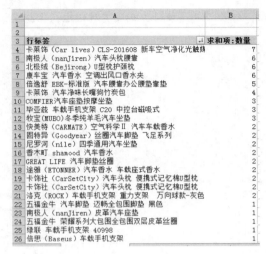

图 13-13   图 13-14

13.3　销售员业绩奖金计算表

　　　为了计算每位销售员的奖金，可以利用销售记录表中的销售额数据统计出每位业务员在当月的总销售额，再按照不同的提成率计算奖金。本例规定：如果业绩小于等于 2000 元，则提成率为 0.05；如果业绩大于 2000 元，则提成率为 0.10。

❶ 选中销售记录中的任意单元格，按 13.1、13.2 节中相同的方法创建数据透视表。

❷ 在新建的工作表上双击鼠标，输入名称为"销售员业绩分析"，设置"经办人"为行标签字段，设置"交易金额"为数值字段。可以看到数据透视表中统计了各经办人的销售金额总计，如图 13-15 所示。

图 13-15

❸ 在"数据透视表工具→分析"选项卡的"计算"选项组中单击"字段、项目和集"按钮，在子菜单中选择"计算字段"命令，如图 13-16 所示，打开"插入计算字段"对话框，如图 13-17 所示。

图 13-16

❹ 在"名称"框中输入名称，如"销售奖金"，在公式编辑栏中删除"0"，输入公式：=IF(交易金额<=2000, 交易金额*0.05, 交易金额*0.1)，如图 13-18 所示。

图 13-17

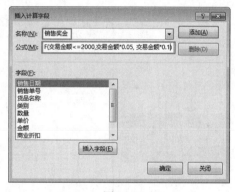

图 13-18

❺ 单击"确定"按钮，即可在"交易金额"后面显示"销售奖金"字段，将计算出每位经办人的销售奖金，如图 13-19 所示。

图 13-19

第 14 章

日常财务管理中的分析报表

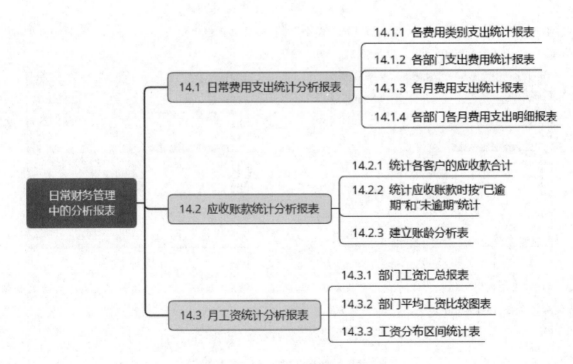

日常财务管理中的分析报表

- 14.1 日常费用支出统计分析报表
  - 14.1.1 各费用类别支出统计报表
  - 14.1.2 各部门支出费用统计报表
  - 14.1.3 各月费用支出统计报表
  - 14.1.4 各部门各月费用支出明细报表

- 14.2 应收账款统计分析报表
  - 14.2.1 统计各客户的应收款合计
  - 14.2.2 统计应收账款时按"已逾期"和"未逾期"统计
  - 14.2.3 建立账龄分析表

- 14.3 月工资统计分析报表
  - 14.3.1 部门工资汇总报表
  - 14.3.2 部门平均工资比较图表
  - 14.3.3 工资分布区间统计表

14.1 日常费用支出统计分析报表

"日常费用支出统计表"是企业中常用的一种财务表单，它用于记录公司日常费用的明细数据。表格中应当包含费用支出部门、费用类别名称，以及费用支出总额等项目。根据日常费用支出表，可以延伸建立各费用类别支出统计表、各部门费用支出统计表等。图 14-1 所示为一张日常费用支出表单，下面以此表为例建立各类统计报表。

日常费用支出统计表

序号	日期	费用类别	产生部门	支出金额	负责人
公司名称		领先科技公司		制表时间	2018年8月
制表部门		财务部		单位	元
001	2018/5/7	差旅费	研发部	8200	周光华
002	2018/5/8	差旅费	销售部	1500	周光华
003	2018/5/9	差旅费	销售部	1050	周光华
004	2018/5/9	差旅费	研发部	550	周光华
005	2018/5/12	差旅费	行政部	560	周光华
006	2018/5/15	差旅费	销售部	1200	周光华
007	2018/5/18	差旅费	行政部	5400	周光华
008	2018/5/23	会务费	销售部	2800	周光华
009	2018/5/28	餐饮费	销售部	58	周光华
010	2018/6/5	交通费	行政部	200	周光华
011	2018/6/8	会务费	研发部	100	周光华
012	2018/6/11	办公品采购费	人事部	1600	周光华
013	2018/6/16	差旅费	行政部	500	周光华
014	2018/6/19	办公品采购费	行政部	1400	周光华
015	2018/6/20	办公品采购费	人事部	1000	周光华
016	2018/6/23	办公品采购费	生产部	3200	周光华
017	2018/6/27	餐饮费	销售部	1200	周光华
018	2018/6/30	差旅费	研发部	2120	王正波
019	2018/7/2	业务拓展费	研发部	6470	王正波
020	2018/7/3	会务费	行政部	1000	王正波
021	2018/7/7	业务拓展费	生产部	450	王正波

日常费用统计表

图 14-1

14.1.1 各费用类别支出统计报表

数据透视表可以将日常费用支出表中的数据按照各费用类别进行合计统计。插入数据透视表后，可以通过添加相应字段到指定列表区域，按照费用类别对表格中的支出金额进行汇总统计。

❶ 选中表格数据区域（即从第 4 行开始选取），在"插入"选项卡的"表格"组中单击"数据透视表"按钮，如图 14-2 所示。

❷ 打开"创建数据透视表"对话框，保持默认设置和选项，单击"确定"按钮，即可创建数据透视表，如图 14-3 所示。

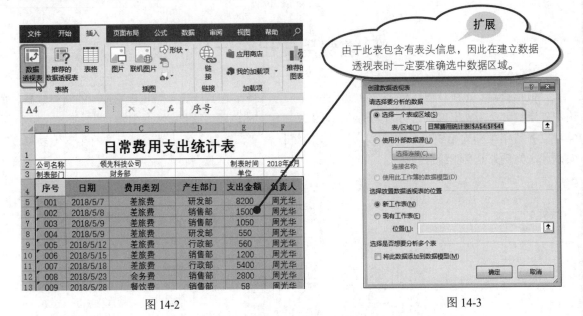

图 14-2

图 14-3

扩展

由于此表包含有表头信息，因此在建立数据透视表时一定要准确选中数据区域。

❸ 将工作表重命名为"各费用类别支出统计报表"。添加"费用类别"字段至"行"、添加"支出金额"字段至"值"，得到如图 14-4 所示数据透视表，可以看到各费用类别的支出合计金额。

图 14-4

❹ 选中"支出金额"下的任意单元格，在"数据"选项卡的"排序和筛选"组中单击"降序"按钮，即可将金额大小从大到小排序，如图 14-5 所示。

❺ 选中数据透视表中的任意单元格，在"数据透视表工具→分析"选项卡的"工具"组中单击"数据透视图"按钮，如图 14-6 所示。

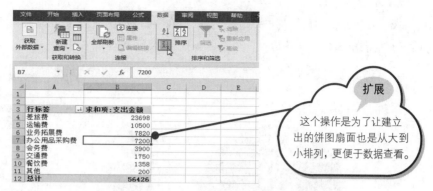

图 14-5

图 14-6

❻ 打开"插入图表"对话框，选择合适的图表类型，这里选择"饼图"，单击"确定"按钮，即可在工作表中插入数据透视图，如图 14-7 所示。

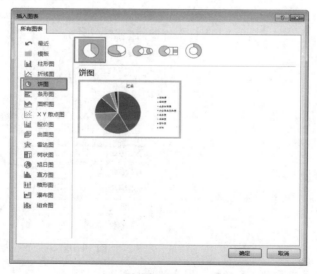

图 14-7

❼ 选中图表，单击"图表元素"按钮，在弹出的菜单中单击"数据标签"右侧的下拉按钮，在打开的下拉列表中选择"更多选项"命令，如图 14-8 所示。

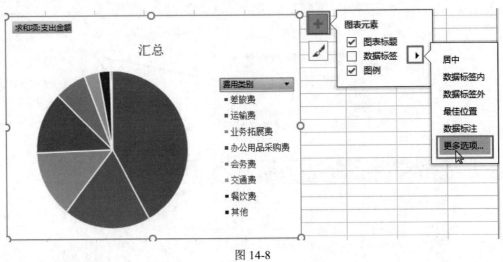

图 14-8

❽ 打开"设置数据标签格式"对话框，在"标签选项"栏下勾选"类别名称"和"百分比"复选框，如图 14-9 所示。接着展开"数字"栏，在设置"类别"的下拉列表中选择"百分比"，然后设置"小数位数"为 2，如图 14-10 所示。

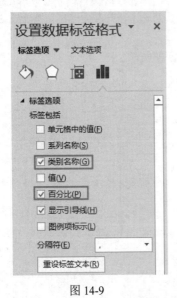

图 14-9

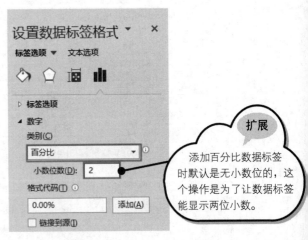

图 14-10

扩展

添加百分比数据标签时默认是无小数位的，这个操作是为了让数据标签能显示两位小数。

❾ 完成上述操作后再为图表添加标题，图表效果如图 14-11 所示。

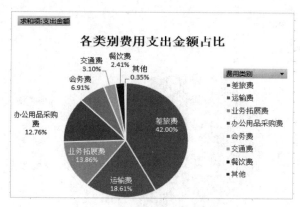

图 14-11

14.1.2 各部门费用支出统计报表

数据透视表可以将日常费用支出表中的数据按照各部门进行合计统计。插入数据透视表后，可以通过添加相应字段到指定列表区域，按照部门对表格中的支出金额进行汇总统计。

❶ 复制 14.1.1 小节中的数据透视表（关于工作表的复制在前面的章节中已多次介绍过），并将工作表重命名为"各部门支出费用统计报表"。

❷ 取消勾选"费用类别"复选框再重新添加"产生部门"字段至"行"，添加"支出金额"字段至"值"，得到如图 14-12 所示数据透视表，可以看到各部门的支出合计金额。

图 14-12

❸ 当更改了数据透视表后，可以看到在 14.1.1 小节中创建的数据透视图也做了相应的更改，只要重新在标题框中输入新标题即可，如图 14-13 所示。

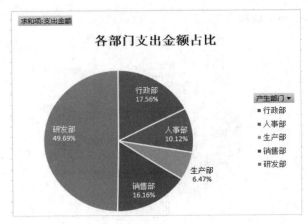

图 14-13

14.1.3　各月费用支出统计报表

数据透视表可以将日常费用支出表中的数据按照月份对支出金额进行统计。插入数据透视表后，可以通过添加相应字段到指定列表区域，按照月份对表格中的支出金额进行汇总统计。

❶ 复制 14.1.1 小节中的数据透视表（关于工作表的复制在前面的章节中已多次介绍过），并将工作表重命名为"各月费用支出统计报表"。

❷ 取消勾选"产生部门"复选框，添加"日期"字段至"行"，添加"支出金额"字段至"值"，得到如图 14-14 所示数据透视表，可以看到各月份的支出合计金额。

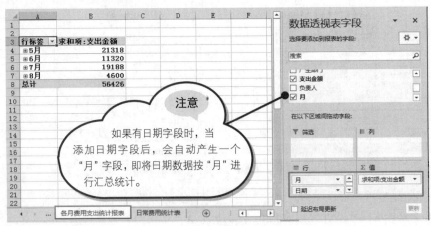

图 14-14

❸ 由于日期字段能自动按月分组统计，而当前例子正是想统计出各月的支出金额，因此可以将明细数据取消。在"行"区域中将"日期"字段拖出，只保留"月"字段，得到的统计结果如图 14-15 所示。

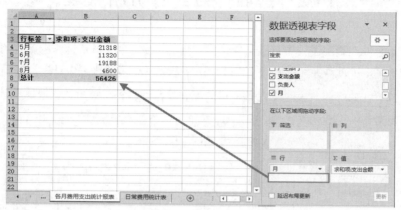

图 14-15

14.1.4　各部门各月费用支出明细报表

在 14.1.3 小节中通过在数据透视表中添加字段统计出了各月份的支出金额合计值，那么如果要建立各部门各月费用支出明细表，则可以补充添加字段来实现统计。

❶ 复制 14.1.1 小节中的数据透视表（关于工作表的复制在前面的章节中已多次介绍过），并将工作表重命名为"各部门各月费用支出明细报表"。

❷ 重新添加"产生部门"字段至"行"、添加"日期"字段至"列"、添加"支出金额"字段至"值"，得到如图 14-16 所示数据透视表。可以看到统计结果是按部门对各月费用支出额进行了统计。

注意

添加日期字段后，也要像上一例一样将"日期"字段拖出，只保留"月"字段。

图 14-16

14.2 应收账款统计分析报表

应收账款表示企业在销售过程中被购买单位所占用的资金。企业日常运作中产生的每笔应收账款需要记录，可以建立 Excel 表格来统一管理。图 14-17 所示为一个应收账款统计表。下面将利用数据透视表进行各项统计分析，如统计一段时间内各客户的应收款合计、各账龄段的应收账款等。

序号	公司名称	开票日期	应收金额	已收金额	未收金额	付款期(天)	状态	负责人
	当前日期	2018/8/31						
001	声立科技	18/5/4	¥ 22,000.00	¥ 10,000.00	¥ 12,000.00	20	已逾期	苏佳
002	汇达网络科技	18/6/5	¥ 10,000.00	¥ 5,000.00	¥ 5,000.00	20	已逾期	刘瑶
003	诺力文化	18/6/8	¥ 29,000.00	¥ 5,000.00	¥ 24,000.00	60	已逾期	关小伟
004	伟伟科技	18/6/10	¥ 28,700.00	¥ 10,000.00	¥ 18,700.00	20	已逾期	谢军
005	声立科技	18/6/10	¥ 15,000.00	¥ 10,000.00	¥ 5,000.00	15	已逾期	刘瑶
006	云端科技	18/6/22	¥ 22,000.00	¥ 8,000.00	¥ 14,000.00	15	已逾期	乔远
007	伟伟科技	18/6/28	¥ 18,000.00		¥ 18,000.00	90	未到逾期	谢军
008	诺力文化	18/7/2	¥ 22,000.00	¥ 5,000.00	¥ 17,000.00	20	已逾期	关小伟
009	诺力文化	18/7/4	¥ 23,000.00	¥ 10,000.00	¥ 13,000.00	40	已逾期	张军
010	大力文化	18/7/26	¥ 24,000.00	¥ 10,000.00	¥ 14,000.00	60	未到结账期	刘瑶
011	声立科技	18/7/28	¥ 30,000.00	¥ 10,000.00	¥ 20,000.00	30	已逾期	苏佳
012	大力文化	18/8/1	¥ 8,000.00		¥ 8,000.00	10	已逾期	乔远
013	大力文化	18/8/3	¥ 8,500.00	¥ 5,000.00	¥ 3,500.00	25	已逾期	彭丽丽
014	汇达网络科技	18/8/14	¥ 8,500.00	¥ 1,000.00	¥ 7,500.00	10	已逾期	张军
015	伟伟科技	18/8/15	¥ 28,000.00	¥ 8,000.00	¥ 20,000.00	90	未到结账期	乔远
016	云端科技	18/8/17	¥ 22,000.00	¥ 10,000.00	¥ 12,000.00	60	未到结账期	关小伟
017	汇达网络科技	18/8/17	¥ 26,000.00	¥ 20,000.00	¥ 6,000.00	15	未到结账期	张文轩
018	声立科技	18/8/22	¥ 28,600.00	¥ 5,000.00	¥ 23,600.00	30	未到结账期	张军

应收账款记录表

图 14-17

14.2.1 统计各客户的应收款合计

在应收账款统计表中一个公司可能会对应多条应收记录，因此在一段时间内需要统计各客户的应收款合计金额。利用数据透视表可以快速实现统计。

❶ 选中表格数据区域（即从第 3 行开始选取），在"插入"选项卡的"表格"组中单击"数据透视表"按钮，如图 14-18 所示。

❷ 打开"创建数据透视表"对话框，保持默认设置和选项，单击"确定"按钮，即可创建数据透视表，如图 14-19 所示。

❸ 将工作表重命名为"各客户的应收款统计"。添加"公司名称"字段至"行"、添加"未收金额"字段至"值"，得到如图 14-20 所示的数据透视表，可以看到各客户的未收金额合计金额。

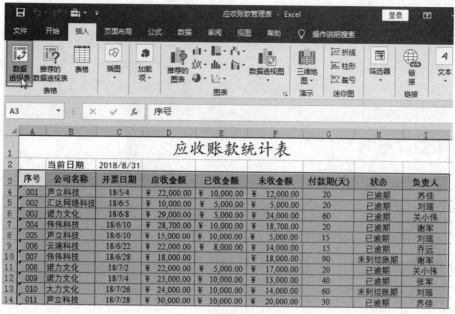

图 14-18

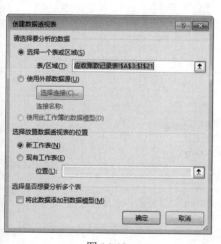

图 14-19

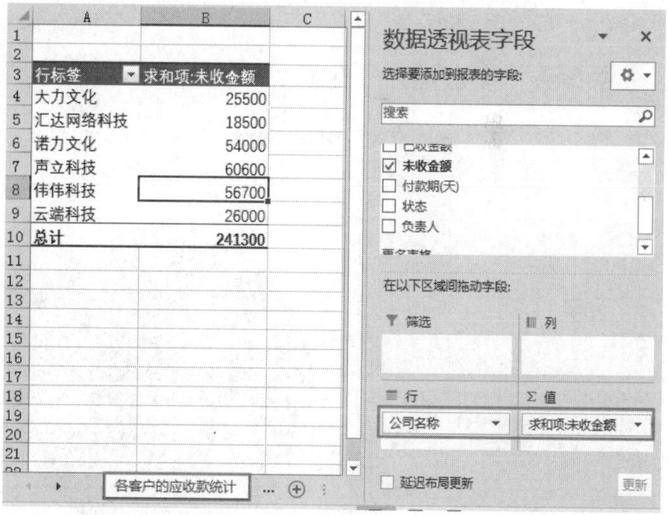

图 14-20

❹ 选中"未收金额"下的任意单元格，在"数据"选项卡的"排序和筛选"组中单击"降序"按钮，即可将金额从大到小排序，如图 14-21 所示。

❺ 选中数据透视表中的任意单元格，在"数据透视表工具→分析"选项卡的"工具"组中单击"数

据透视图"按钮，打开"插入图表"对话框，选择合适的图表类型，这里选择"饼图"，如图 14-22 所示。

图 14-21

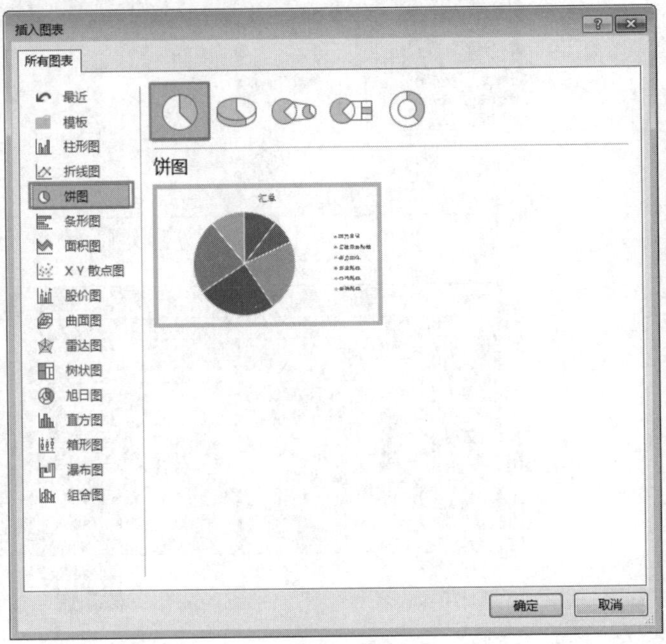

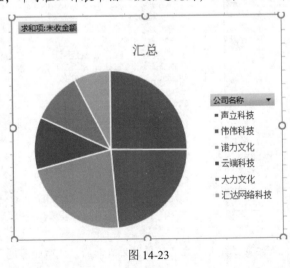

图 14-22

❻ 单击"确定"按钮，即可在工作表中插入数据透视图，如图 14-23 所示。

图 14-23

❼ 选中图表，单击"图表元素"按钮，在弹出的菜单中单击"数据标签"右侧的下拉按钮，在打开的下拉列表中选择"更多选项"命令，如图 14-24 所示。

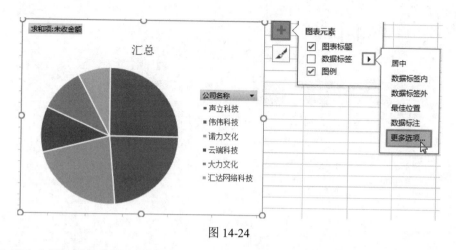

图 14-24

❽ 打开"设置数据标签格式"对话框，在"标签选项"栏下只勾选"类别名称"，其他都取消，如图 14-25 所示。

❾ 完成上述操作后再为图表添加标题，图表效果如图 14-26 所示。

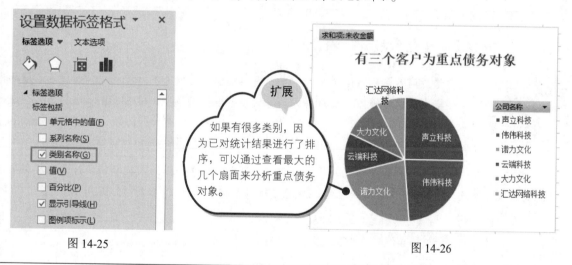

图 14-25

扩展

如果有很多类别，因为已对统计结果进行了排序，可以通过查看最大的几个扇面来分析重点债务对象。

图 14-26

14.2.2 统计应收账款时按"已逾期"和"未逾期"统计

在统计各客户的应收账款时，还可以按"已逾期"和"未逾期"统计，这样则可以在报表中更直观地查看到"已逾期"账款。

❶ 复制 14.2.1 小节中的数据透视表（关于工作表的复制在前面的章节中已多次介绍过）。

❷ 添加"状态"字段到"列"，其他字段保持不变，得到的统计结果如图 14-27 所示。即可以从"已

逜期"列查看已逜期的应收账款金额。

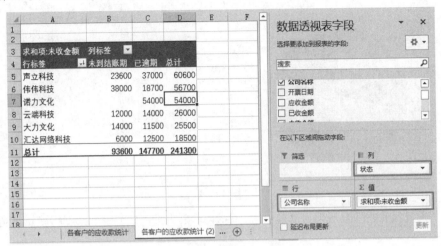

图 14-27

14.2.3 建立账龄分析表

通过建立应收账款账龄分析表，可以真实地反映出企业实际的资金流动情况，从而也能对难度较大的应收账款早做准备，同时对逜期较长的款项采取相应的催收措施。在进行账龄统计时，需要先根据应收账款中的已收金额和未收金额分时段统计各笔应收账款的逜期未收金额，这项计算是进行账龄分析的基础。可以利用公式进行计算。

❶ 在"应收账款记录表"的右侧建立账龄分段标识（因为各个账龄段的未收金额的计算源数据来源于"应收账款记录表"，因此将统计表建立在此处更便于对数据的引用），如图 14-28 所示。

						逜期未收金额			
应收金额	已收金额	未收金额	付款期(天)	状态	负责人	0-30	30-60	60-90	90天以上
¥ 22,000.00	¥ 10,000.00	¥ 12,000.00	20	已逜期	苏佳				
¥ 10,000.00	¥ 5,000.00	¥ 5,000.00	20	已逜期	刘瑶				
¥ 29,000.00	¥ 5,000.00	¥ 24,000.00	60	已逜期	关小伟				
¥ 28,700.00	¥ 10,000.00	¥ 18,700.00	20	已逜期	谢军				
¥ 15,000.00	¥ 15,000.00	¥ -	15	已冲销 √	刘瑶				
¥ 22,000.00	¥ 8,000.00	¥ 14,000.00	15	已逜期	乔远				
¥ 18,000.00		¥ 18,000.00	90	未到结账期	谢军				
¥ 22,000.00	¥ 5,000.00	¥ 17,000.00	20	已逜期	关小伟				
¥ 23,000.00	¥ 10,000.00	¥ 13,000.00	40	已逜期	张军				

图 14-28

❷ 选中 J4 单元格，在编辑栏中输入公式：

```
=IF(AND($C$2-(C4+G4)>0,$C$2-(C4+G4)<=30),D4-E4,0)
```

按 Enter 键即可得到逾期在 0-30 天的金额，如图 14-29 所示。

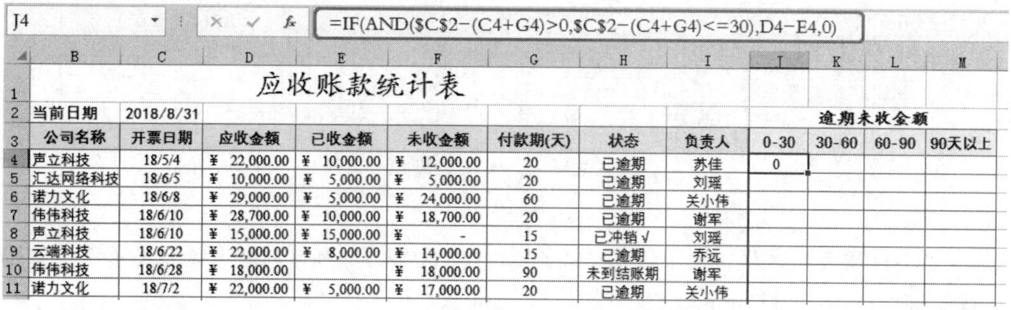

图 14-29

❸ 选中 K4 单元格，在编辑栏中输入公式：

```
=IF(AND($C$2-(C4+G4)>30,$C$2-(C4+G4)<=60),D4-E4,0)
```

按 Enter 键即可得到逾期在 30-60 天的金额，如图 14-30 所示。

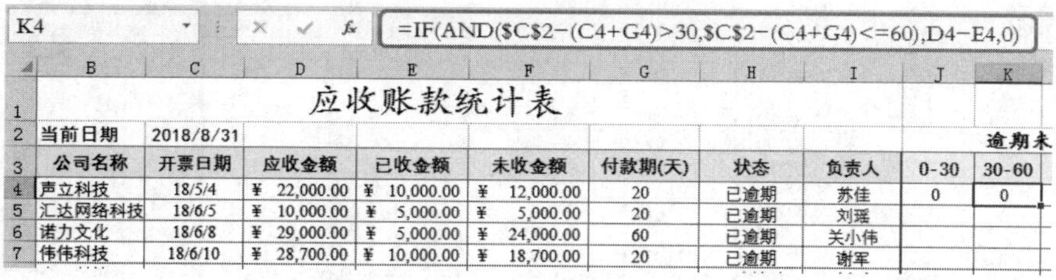

图 14-30

❹ 选中 L4 单元格，在编辑栏中输入公式：

```
=IF(AND($C$2-(C4+G4)>60,$C$2-(C4+G4)<=90),D4-E4,0)
```

按 Enter 键即可得到逾期在 60-90 天的金额，如图 14-31 所示。

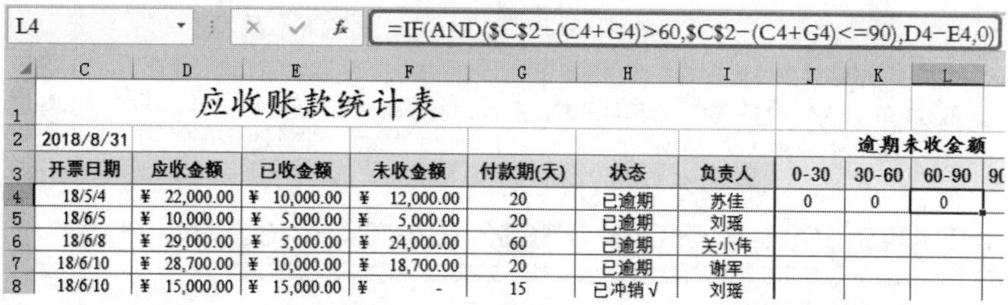

图 14-31

❺ 选中 M4 单元格，在编辑栏中输入公式：

```
=IF($C$2-(C4+G4)>90,D4-E4,0)
```

按 Enter 键即可得到逾期在 90 天以上的金额，如图 14-32 所示。

| M4 | | | ▼ | : | × | ✓ | *f*x | =IF($C$2-(C4+G4)>90,D4-E4,0) | | | | |

应收账款统计表

	2018/8/31							**逾期未收金额**			
	开票日期	应收金额	已收金额	未收金额	付款期(天)	状态	负责人	0-30	30-60	60-90	90天以上
	18/5/4	¥ 22,000.00	¥ 10,000.00	¥ 12,000.00	20	已逾期	苏佳	0	0	0	12000
	18/6/5	¥ 10,000.00	¥ 5,000.00	¥ 5,000.00	20	已逾期	刘瑶				
	18/6/8	¥ 29,000.00	¥ 5,000.00	¥ 24,000.00	60	已逾期	关小伟				
	18/6/10	¥ 28,700.00	¥ 10,000.00	¥ 18,700.00	20	已逾期	谢军				
	18/6/10	¥ 15,000.00	¥ 15,000.00	¥ -	15	已冲销√	刘瑶				
	18/6/22	¥ 22,000.00	¥ 8,000.00	¥ 14,000.00	15	已逾期	乔远				

图 14-32

❻ 选中 J4:M4 单元格区域，向下填充公式至 M21 单元格，即可得到所有账款记录下不同账龄期间的逾期未收金额，如图 14-33 所示。

应收账款统计表

序号	公司名称	开票日期	应收金额	已收金额	未收金额	付款期(天)	状态	负责人	0-30	30-60	60-90	90天以上
		当前日期	2018/8/31						逾期未收金额			
001	声立科技	18/5/4	¥ 22,000.00	¥ 10,000.00	¥ 12,000.00	20	已逾期	苏佳	0	0	0	12000
002	汇达网络科技	18/6/5	¥ 10,000.00	¥ 5,000.00	¥ 5,000.00	20	已逾期	刘瑶	0	0	5000	0
003	诺力文化	18/6/8	¥ 29,000.00	¥ 5,000.00	¥ 24,000.00	60	已逾期	关小伟	24000	0	0	0
004	伟伟科技	18/6/10	¥ 28,700.00	¥ 10,000.00	¥ 18,700.00	20	已逾期	谢军	0	0	18700	0
005	声立科技	18/6/10	¥ 15,000.00	¥ 15,000.00	¥ -	15	已冲销√	刘瑶	0	0	0	0
006	云端科技	18/6/22	¥ 22,000.00	¥ 8,000.00	¥ 14,000.00	15	已逾期	乔远	0	14000	0	0
007	伟伟科技	18/6/28	¥ 18,000.00		¥ 18,000.00	90	未到结账期	谢军	0	0	0	0
008	诺力文化	18/7/2	¥ 22,000.00	¥ 5,000.00	¥ 17,000.00	20	已逾期	关小伟	0	17000	0	0
009	诺力文化	18/7/4	¥ 23,000.00	¥ 10,000.00	¥ 13,000.00	40	已逾期	张军	13000	0	0	0
010	大力文化	18/7/26	¥ 24,000.00	¥ 10,000.00	¥ 14,000.00	60	未到结账期	刘瑶	0	0	0	0
011	声立科技	18/7/28	¥ 30,000.00	¥ 10,000.00	¥ 20,000.00	30	已逾期	苏佳	20000	0	0	0
012	大力文化	18/8/1	¥ 8,000.00		¥ 8,000.00	10	已逾期	乔远	8000	0	0	0
013	大力文化	18/8/6	¥ 8,500.00	¥ 5,000.00	¥ 3,500.00	25	已逾期	彭丽丽	3500	0	0	0
014	汇达网络科技	18/8/14	¥ 8,500.00	¥ 1,000.00	¥ 7,500.00	10	已逾期	张军	7500	0	0	0
015	伟伟科技	18/8/15	¥ 28,000.00	¥ 8,000.00	¥ 20,000.00	90	未到结账期	乔远	0	0	0	0
016	云端科技	18/8/17	¥ 22,000.00	¥ 10,000.00	¥ 12,000.00	60	未到结账期	关小伟	0	0	0	0
017	汇达网络科技	18/8/17	¥ 6,000.00	¥ 6,000.00	¥ -	15	已冲销√	张文轩	0	0	0	0
018	声立科技	18/8/22	¥ 28,600.00	¥ 5,000.00	¥ 23,600.00	30	未到结账期	张军	0	0	0	0

图 14-33

公式解析

本例公式

① "C4+G4" 求取的是开票日期与付款日期的和，即到期日期，用 C2 单元格的当前日期减去到期日期，得到的是逾期天数。并判断这个天数是否大于 0。

② 同前面①步，判断逾期天数是否小于等于 30 天。

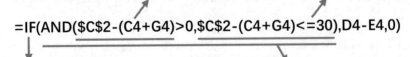

=IF(AND($C$2-(C4+G4)>0,$C$2-(C4+G4)<=30),D4-E4,0)

④ IF 返回的是当③步结果为 TRUE 时 "D4-E4" 的值，否则返回 0。

③ 这一部分是 AND 函数判断 "$C$2-(C4+G4)>0" "$C$2-(C4+G4)<=30" 这两个条件是否同时满足，如果是，返回 TRUE；如果不是，返回 FALSE。
当同时满足时返回 "D4-E4" 的值，否则返回 0。

经 验 之 谈

　　上面几个单元格的公式都是使用 IF 与 AND 函数的组合进行不同逾期天数区间的判断，即将公式中的天数区间进行改动即可，理解起来并不难，可以都按上面的公式解析进行理解。

❼ 选中表格数据区域（注意选择时上面计算出的各个账龄段的数据也要包含在内），在"插入"选项卡的"表格"组中单击"数据透视表"按钮，如图 14-34 所示。

图 14-34

❽ 打开"创建数据透视表"对话框，保持默认设置和选项，单击"确定"按钮即可创建数据透视表，如图 14-35 所示。

图 14-35

❾ 将工作表重命名为"账龄分析表"。添加"公司名称"字段至"行"，依次添加"0-30""30-60""60-90""90天以上"字段至"值"，得到如图 14-36 所示数据透视表，可以查看各个客户在各个账龄段的金额。

图 14-36

14.3　月工资统计分析报表

企业在每个月末都会建立"员工月度工资表"，根据核算后的工资数据可以建立各类报表实现数据统计分析。例如，按部门汇总统计工资总额、部分平均工资比较、工资分布区间统计等。图 14-37 所示为某月的工资数据，下面以此数据为例创建统计分析报表。

员工工号	姓名	部门	基本工资	工龄工资	绩效奖金	加班工资	满勤奖金	应发合计	请假迟到扣款	保险\公积金扣款	个人所得税	应扣合计	实发工资
							11月份工资统计表						
LX-001	张楚	客服部	2500	300				2800	280	560	0	840	1960
LX-002	汪曼	客服部	1200	0		300		1500	0	0	0	0	1500
LX-003	刘先	客服部	3500	0		300		3800	0	0	9	9	3791
LX-004	黄雅黎	客服部	2500	0		200		2500	190	0	0	190	2310
LX-005	夏梓	客服部	2800	300			300	3400	0	620	0	620	2780
LX-006	胡伟立	客服部	1200	300				1500	100	300	0	400	1100
LX-007	江华	客服部	2200	300		200	300	2800	0	500	0	500	2300
LX-008	方小妹	客服部	2000	0		360		2000	20	0	0	20	1980
LX-009	陈友	客服部	1200	0				1200	20	0	0	20	1180
LX-010	王莹	客服部	2500	300				2800	20	560	0	580	2220
LX-011	赵小军	销售部	1200	400	7840			9440	400	320	633	1353	8087
LX-012	扬帆	销售部	1200	400	7248		300	9148	0	320	574.6	894.6	8253.4
LX-013	邓鑫	销售部	1200	300	9216			10716	40	300	888.2	1228	9487.8
LX-014	王达	销售部	1200	300	28480		300	30280	0	300	5690	5990	24290
LX-015	王淑娟	销售部	1200	500	36640		300	38640	0	340	7787	8127	30513
LX-016	周保国	销售部	1200	400	457.8		300	2358	0	320	0	320	2037.8
LX-017	唐虎	销售部	1200	400	1250		300	3150	0	320	0	320	2830
LX-018	徐磊	销售部	1200	400	7680		300	9580	0	320	661	981	8599
LX-019	杨静	销售部	1200	400	4400			6000	20	320	145	485	5515
LX-020	彭国华	销售部	1200	0	1250		300	2750	0	0	0	0	2750
LX-021	吴子进	销售部	1200	400	1600		300	3500	0	320	0	320	3180
LX-022	任玉军	仓储部	1200	300		220	300	1800	0	300	0	300	1500
LX-023	鲍骏	仓储部	1200	1400				2600	90	520	0	610	1990
LX-024	王启秀	仓储部	3000	300				3300	60	660	0	720	2580

图 14-37

14.3.1 部门工资汇总报表

部门工资汇总报表的创建可以使用数据透视表快速实现，并且字段的设置也很简单。

❶ 选中数据区域内的任意单元格，在"插入"选项卡的"表格"组中单击"数据透视表"按钮，如图 14-38 所示。

员工工号	姓名	部门	基本工资	工龄工资	绩效奖金	加班工资	满勤奖金	应发合计	请假迟到扣款	保险公积金扣款	个人所得税	应扣合计	实发工资
LX-001	张楚	客服部	2500	300				2800	280	560	0	840	1960
LX-002	汪滕	客服部	1200	0			300	1500	0	0	0	0	1500
LX-003	刘先	客服部	3500	0			300	3800	0	0	9	9	3791
LX-004	黄雅黎	客服部	2500	0		200		2500	190	0	0	190	2310
LX-005	夏梓	客服部	2800	300			300	3400	0	620	0	620	2780
LX-006	胡伟立	客服部	1200	300				1500	100	300	0	400	1100
LX-007	江华	客服部	2200	300		200	300	2800	0	500	0	500	2300
LX-008	方小妹	客服部	1200	0		360		2000	20	0	0	20	1980
LX-009	陈友	客服部	1200	0				1200	20	0	0	20	1180
LX-010	王莹	客服部	2500	300				2800	20	560	0	580	2220
LX-011	赵小军	销售部	1200	400	7840			9440	400	320	1353	8087
LX-012	扬帆	销售部	1200	400	7248		300	9148	0	320	574.6	894.6	8253.4
LX-013	邓鑫	销售部	1200	300	9216			10716	40	300	888.2	1228	9487.8
LX-014	王达	销售部	1200	300	28480		300	30280	0	300	5690	5990	24290
LX-015	王淑娟	销售部	1200	500	36640		300	38640	0	340	7787	8127	30513
LX-016	周保国	销售部	1200	400	457.8		300	2358	0	320		320	2037.8

图 14-38

❷ 打开"创建数据透视表"对话框，保持默认设置和选项，单击"确定"按钮，即可创建数据透视表，如图 14-39 所示。

图 14-39

❸ 将工作表重命名为"部门工资汇总报表"。添加"部门"字段至"行"、添加"实发工资"字段至"值"，得到如图 14-40 所示数据透视表，可以看到按部门汇总出了工资汇总金额。

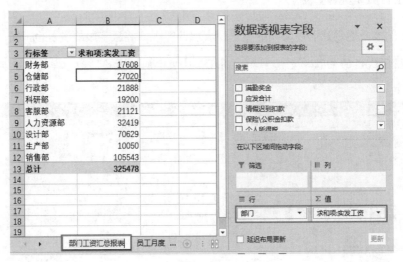

图 14-40

14.3.2 部门平均工资比较图表

在建立数据透视图之前，可以为当前表格建立数据透视表，并按部门统计工资额，然后再修改值的汇总方式为平均值，从而计算出每个部门的平均工资。

❶ 复制 14.3.1 小节中的数据透视表（关于工作表的复制在前面的章节中已多次介绍过），并将工作表重命名为"平均工资比较"，如图 14-41 所示。

图 14-41

❷ 选中"实发工资"下的任意单元格并右击，在弹出的菜单中依次选择"值汇总依据"→"平均值"命令，如图 14-42 所示。完成设置后，即可计算出各个部门的平均工资。

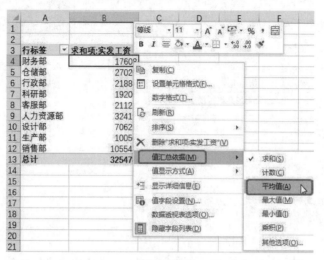

图 14-42

❸ 选中 B4:B12 单元格区域，在"开始"选项卡的"数字"组中单击"数字格式"下拉按钮，打开下拉菜单，选择"会计专用"命令，如图 14-43 所示，设置后数据显示如图 14-44 所示。

图 14-43

行标签	平均值项:实发工资
财务部	¥ 2,201.00
仓储部	¥ 1,930.00
行政部	¥ 2,432.00
科研部	¥ 1,745.45
客服部	¥ 2,112.10
人力资源部	¥ 2,315.64
设计部	¥ 3,210.41
生产部	¥ 2,512.50
销售部	¥ 9,594.82
总计	¥ 3,159.98

图 14-44

❹ 选中数据透视表中的任意单元格，在"数据透视表工具→分析"选项卡的"工具"组中单击"数据透视图"按钮，如图 14-45 所示。

图 14-45

❺ 打开"插入图表"对话框，选择合适的图表类型，这里选择簇状柱形图，如图 14-46 所示。单击"确定"按钮，即可在工作表中插入默认的图表，如图 14-47 所示。

图 14-46

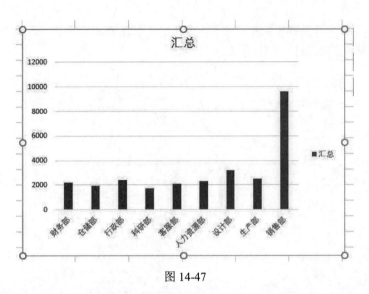

图 14-47

❻ 编辑图表标题，可通过套用图表样式快速美化图表。从图表中可以直观地查看数据分析的结论，即销售部的平均工资是最高的，如图 14-48 所示。

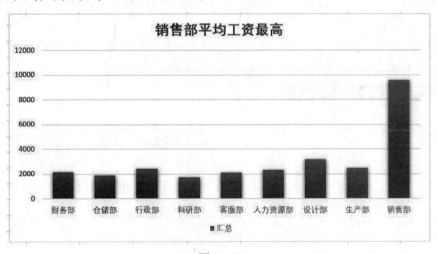

图 14-48

14.3.3 工资分布区间统计表

根据员工月度工资表中的实发工资列数据，可以建立工资分布区间人数统计表，以实现对企业工资水平分布情况的研究。

❶ 复制 14.3.1 小节中的数据透视表（关于工作表的复制在前面的章节中已多次介绍过），并将工作表重命名为"工资分布区间统计"，如图 14-49 所示。

图 14-49

❷ 选中行标签下的任意单元格，在"数据"选项卡的"排序和筛选"组中单击"降序"按钮，先将工资数据排序，如图 14-50 所示。

❸ 选中所有大于 5000 的数据，在"数据透视表工具→分析"选项卡的"组合"组中单击"分组选择"按钮（如图 14-51 所示），创建出一个自定义数组，如图 14-52 所示。

图 14-50

图 14-51

❹ 选中 A4 单元格，将组名称更改为"5000 以上"，如图 14-53 所示。

图 14-52　　　　　　　　　　　　　　　图 14-53

❺ 选中 4000 到 5000 之间的数据，在"数据透视表工具→分析"选项卡的"组合"组中单击"分组选择"按钮，如图 14-54 所示。此时创建出一个自定义数组，将第二组的名称重新输入为"4000-5000"，如图 14-55 所示。

图 14-54

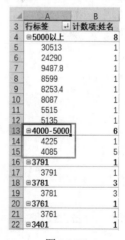

图 14-55

❻ 按相同的方法建立"2000-4000"组和"2000 以下"组，这时可以看到在"行"标签中有"实发工资 2"和"实发工资"两个字段，如图 14-56 所示。

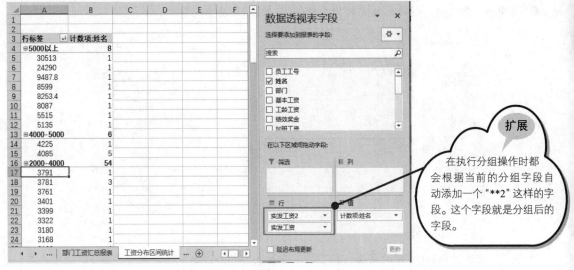

图 14-56

❼ 因为这里只想显示分组后的统计结果，因此将"实发工资"字段拖出，只保留"实发工资2"字段，得到的统计结果如图 14-57 所示。

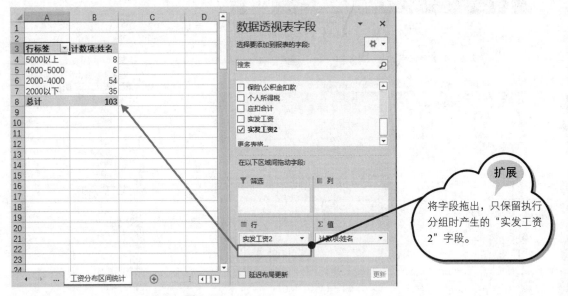

图 14-57